JN216955

テレ東流　ハンデを武器にする極意

岩波書店

はじめに

私は生涯一プロデューサーとして、40年間テレビの番組を作ってきました。
私の仕事場は、日本で一番小さいネットワークのキー局でした。
「振り向けば番外地」と言われ、いろいろなハンデを背負いながら、
みんなで必死に頑張ってきました。
ところが最近、先発局の苦境を尻目に、
その局の評価が、とみに高くなってきています。

一体何が起こったのでしょうか。
そんな体力も財力も乏しい局に起こってきた出来事を、
みなさんに伝えておかねばと思い、書き留めました。
現場からの、番外地テレビ顚末記。
そこから見えてくるのは、

弱小でも、番外地でも勝利できる、
ハンデを武器に変える方法。

それは、テレビの世界だけでなく、
別の世界のあなたにも、きっと何かのヒントになることでしょう。

目次

1 倒産寸前！ からのスタート

まずは倒産から始まった

1975年夏、
出勤すると社内がザワついていました。
掲示板を見ると、
「今月の給与は分割して支給します」。
そして経営陣の交代劇が始まりました。
テレビ東京の前身、日本科学技術振興財団テレビ事業本部に入社して2年目の夏です。

ハナから暗い話で恐縮ですが、

東京 12 チャンネル開局 ©テレビ東京

「テレ東」の歴史は、苦闘の歴史でした。

入社時の上司は、指名解雇裁判で復職した人たちだった

1960年代、在日米軍が使用していたレーダーの電波帯が返還されることになり、その電波帯を利用して東京最後のVHSテレビ局ができることになりました。

5つの陣営から電波免許が申請され、結果、政財界を後ろ盾にした「科学技術の普及宣伝を目的とする科学テレビ局」に免許が下りました。

財界の主導で、日本の一流企業100社を集めた「日本科学技術テレビ協力会」が、各社毎月一定額を拠出し、資金を調達するという計画でした。

5年前に開局した日本教育テレビ(NET、現テレビ朝日)、フジテレビジョンに続いて、東京オリンピックの開かれた1964年に、東京12チャンネル(日本科学技術振興財団テレビ局)は華々しく開局しました。

しかし、放送の60％を科学技術教育番組、と義務づけられたテレビ局では、視聴率は上がりません。協力企業も徐々に腰が引け、頼りの財界の資金が予定通りには集まらず、たちまち経営危機に陥りました。

開局2年目の赤字が24億円を超え、緊急再建策として、①営業活動の停止、②放送時間を一日5時間半に短縮、③社員の40％約200名の人員整理、が行われました。すぐさま解雇撤回の訴訟が起こり、4年の労働争議ののちに、ようやく和解。

私が入社した時の上司は、そうして復職した人たちでした。

「科学教育局」が頓挫

その後も経営状況は改善せず、NHKはじめ民放各局が「科学テレビ協力委員会」を作り、番組供給などで再建を支援しました。

その時、日本テレビから委員として出向したのが、徳光和夫さんの父、寿雄（としお）さんです。

「おはなはん」や「東芝日曜劇場」の再放送、プロ野球中継を週5日放送したり、その野球中継を科学技術教育番組と届け出て、国会で追及されたこともありました。

1973年に株式会社となって、教育局から一般局免許へ。

しかし開局10年目の夏、資金繰りが行き詰まったとして、冒頭の給与遅配という事態に陥ったのです。


それを契機に、実質的な経営権が日本経済新聞にわたり、今日に至ります。

私の仕事場、東京12チャンネルは、このような困難の中からスタートしました。


それゆえ、上司たちは血気盛ん。

先輩達は、田原総一朗さんをはじめ猛者(もさ)の無頼派揃い。

最後のキー局発足に、ひと旗揚げようと全国から馳せ参じたサムライ達の集まりでした。

逆境にあって、みな驚くほど元気。悲観とは無縁のエントロピーがみなぎっていました。

武器や糧食や弾薬は絶対的に不足している、しかしそれを嘆いている暇はない。

何かやらねば、何かやってやろう。

やればやった分、何かが始まる。

そしてその場はある。

人間ある意味、これほど幸せなシチュエーションはありません。

モノは考えようです。経営陣の混迷とは対照的に、社員のモチベーションはいやが上にも高まっていました。

何よりも目的を持った人間は強い。その気分で全社が燃えていました。

「私の昭和史」や「未知への挑戦」「人に歴史あり」、「プレイガール」や「ハレンチ学園」、そして「大江戸捜査網」などの先駆的な人気番組が、次々と生み出されました。

逆境は力を産みました。

テレビ東京(以下TX)の原初のDNAはここで作られ、その痕跡は今日まで残っています。

給与遅配から2年、経営状況は一向に好転しないなか、最初報道にいた私は演出部署に異動し、1977年に「ヤンヤン歌うスタジオ」の立ち上げに参加しました。

2 人も予算も何分の一、それでも戦う

「それでは総合打合せを始めます。

まず担務の確認をします。

中継車○○君、屋形船○○君、ＭＣ席○○君、台船担当○○君、サブ受け○○君、浴衣女性担当○○君……」

○○君はみんな、ＧＨ（ゴールデンアワー）などのメイン番組のプロデューサー達です。

「隅田川花火大会」や「年忘れにっぽんの歌」などの大番組は、全社一班となって取り組みます。

人が足りないのです。

どんなＰ（プロデューサー）でもＤ（ディレクター）でも、シフト表に張り付けられた通り、一兵卒として汗みどろで働くのがＴＸの掟です。

足りない分は、スタッフワークで乗り越える。

10人のヤル気ないスタッフより、使える5人の方が強い。


人員は他局の半分、制作費は半分、いや三分の一以下。

それで各局と同じ放送時間を闘っていかなければなりません。

他と同じことではダメ、というより、他と同じことはできません。

やむなく、そのヒトとカネでできることを考える、
他がやらないことを考え出して、突っ走るしかない。

競馬の弱小な逃げ馬のように、先行できるだけ先行する。

しかし、物量を誇る他の馬たちに4角、第4コーナーを曲がったあたりで呑み込まれる。

あとは馬群に沈みます。

しかし、海に向かって泳ぎ出す1000匹の海ガメの子供のように、
1匹か2匹、陸に戻って来るヤツがいる。
そういう番組はたくましい。何年かに一つそういう番組が生まれました。

TVチャンピオン、浅ヤン、なんでも鑑定団やアド街のように。

大事件にも我が道をゆく、平常心

2004年に「仲間由紀恵が挑むクレオパトラ2000年の謎」というスペシャルのPで、エジプトとトルコにロケをしたことがありました。その時、彼女から「どうしてテレビ東京は他がニュースの中継をやっている時に、ひとりだけやらないんですか?」と、楽しそうに訊かれたことがあります。「やりたくても予算と人とネットワークがないからできないんだ」(他にも理由はありますが)と答えると、嬉しそうに納得してくれた記憶があります。

たしかにTXは、大事件を他局全部が生中継していても、大抵ふつうの番組を放送しています。湾岸戦争の時は「ムーミン」をやっていたし、オウム裁判の時には一部で温泉番組を、小泉首相靖国参拝には通販を、小保方さん会見やサッカーブラジルW杯代表発表の時も「午後ロード」の映画を、フツーに放送していました。

ネットでは、「テレ東伝説」と呼ばれます。

ただ、2016年のオバマ大統領広島初訪問の時は、TXも生中継の特番を放送しました。

広島にネット局がないにもかかわらず、大人気「妖怪ウォッチ」まで休んで。

するとネットでは、「テレ東が生特番をやってる！　これはやっぱり大変な大事件なのだ！」

という反響が瞬く間に広がりました。何事にも話題になります。

それを見て私も、ここぞという時だけやる、後輩たちのその英断に誇らしい思いでした。

テレ東魂、健在なり。

テレビ局が、センセーショナルな事件に横並びで全部画面を占領させることへの危険さ、それが潜んでいるからでもあります。最近は遜色なく放送する力もつきましたが、メディアがポピュリズムの道具にならないためにも、大事な独自路線。


それだけではありません。

「池上彰選挙特番」では、「当選者プロフィール」がトンガっていると話題になりました。

漫画家でTVウォッチャーのカトリーヌあやこ氏が、週刊朝日にこう書いています。

「『高瀬弘美　就職活動で100社落ちる。骨折に気付かず1日我慢』とか『大家敏志　愛犬シェパードに尻咬まれ』って、いる？　その情報。選挙の日にほんとにいる？

たとえ国政選挙でも、『大食い選手権』の出場者プロフィールと、ほぼ同じスタンスで臨むテレ東、どんな時でも平常心である」

1993年まで毎年、各局持ち回りで作っていた「日本歌謡大賞」。

TX担当の回の制作費は、他の局の半分以下でした。

だが同じもの、いや、それ以上のものを作らなければなりません。

中身は頑張れば何とかなりますが、一番目立つのが美術セットです。

担当した「演歌の花道」のベテランデザイナー田辺尚志さんは、通常のシンメトリーなセットではなく、空間を大きくあけた斬新なデザインを描いてくれました。

もちろん費用も少ないように。

それを、TV界ピカ一の誉れの高い照明マン、萩原征四郎さんが素晴らしい照明で染めてくれます。まったく他局にも負けない、いやそれ以上に素晴らしい舞台が完成しました。

ハンデとコンプレックスは、ワザと心意気とスタッフワークで克服できることを証明できました。

TV草分けの先駆者たち

ないないづくしで戦った先輩たち。

その分、今日のＴＶの「草分け」となった人たちが大勢いました。

１９７０年代末、月～金曜日の毎夜10時から10分間、「日立サウンドブレイク」という番組がありました。洋楽2曲を映像だけで見せる番組でした。１週間、同じ映像を流します。一曲まるごと灰皿のタバコと煙だけ、という回もあるシュールな番組です。

作り手は長府毛利家第十七代当主の毛利元海プロデューサー。ＴＶ音楽プロデューサーの中でも、洋楽からジャズ、フォーク、ロックの番組ジャンルを作り上げた名物プロデューサーでした。その系譜から「ラブサウンズ・スペシャル」「サウンズ・クリエーション」が生まれ、そのジャンルは他の追随を許しませんでした。

この「日立サウンドブレイク」はディレクター志望者が殺到し、私も手を挙げて１週だけ作らせてもらったことがあります。が、肩に力が入ってうまく出来ませんでした。

音楽とイメージ映像だけ。当時それまで、世の中の誰もこんなものは見たことがありませんでした。この番組はまさに、今日の音楽ビデオクリップの先駆けとなったのです。

「すばらしい味の世界」の高木律朗プロデューサーは、私がテレビ界に入った当初の上司でした。高名な作曲家・高木東六氏の息子で、飄々（ひょうひょう）と、しかし哲学を持って大人の視聴に堪える番組を作っていました。

高木Pが「すばらしい味の世界」を始めた当時は、「きょうの料理」と「キユーピー3分クッキング」ぐらいしか料理番組がありませんでした。

食べ物を番組のメインに置くことが考えられなかった、ましてバラエティーにするなど、と言えば今の若い方には驚かれますが、そんな時代でした。

しかもその番組には、料理シーンに人間が映らないのです。

料理の鍋やフライパンのアップだけ。

しかし、美味しそうな湯気や香りが画面から流れてくる絵が、当時初めてお茶の間に届けられたのです。

今では当たり前になった「料理トリキリ(画面全体に映すこと)」の手法、それを最初に始めたのがこの人でした。

今日なお隆盛を誇る、グルメ番組の草分けの誕生です。

高木さんはその後、「クイズ! 地球まるかじり」を立ち上げ、料理番組とバラエティーを合体させました。

テレビ界を席捲する料理グルメバラエティーは、ここから始まりました。

私は入社の最初、「田園アルバム」という農業番組で、高木さんに色々なことを教えられました。

私が最初にロケに出たのは、仙台の農協大会の取材で、「スライド構成」でした。

当時はまだフィルムの時代で、16㎜フィルムは高価なので、新米は撮らせてもらえませんでした。たしか3分100フィートで1万円でした。

初めて任された時は、フィルムの端尺(はじゃく)(余った未使用フィルムの残りをつないだもの)を持たされました。ガラガラとカメラを回してくるなよ、と口酸っぱく言われたものです。

ENGというVTRのロケ機材が開発された時は、いくら回してもフィルム代がかからないというので、夢のようでした。

その代わり、ムダな絵をしこたま撮って、編集で徹夜の連続という時代になったのです。

その後「奥さん! 2時です」で、航空会社の旅案内コーナーを任された時も、はじめはスライドでした。もし映ってないといけないから、押さえに絵葉書を買っとけと言われました。

その旅コーナーで、予算のない悲哀も。

レポーターさんを連れて隠岐(おき)の島紹介のロケ。タイアップの航空会社の飛行機で隠岐空港へ行くのですが、その会社はまだ小さくて東京-大阪線がなく、YS-11で東京からまず徳島に飛び、そこから大阪へ。そしてやっと隠岐行きに乗るのです。

予算がなくてタイアップ航空券でしか乗れないからです。

帰りも東京へ戻るのに、大阪伊丹空港で我々クルーはひたすら徳島行きを待ちます。

次々に飛び立つ羽田行きのジャンボを横目で恨めしく見ながら、弱小局の悲哀をしみじみ感じました。

しかし苦労して着いた隠岐の島では、その分、皆の気合が入った良い映像が撮れました。

同じ部署の大先輩、釣り好きで酒好きな江津兵太(えづひょうた)プロデューサーは、「キャプテン翼」を作りました。

まだテレビに慣れていない外部アニメ制作プロを、手取り足取り指導しては、本当に少ない予算で世界的アニメを作り上げました。

そして20%を超える視聴率を連発する大ヒット作となりました。

川淵三郎元チェアマンは、私の最後のプロデュース番組「昭和は輝いていた」にゲストで出演した時、「Jリーグ発足が成功したのは、少年たちにサッカーの層を広げてくれた『キャプテン翼』のお蔭が大きかった」と語っていました。

世界50ヶ国以上で放映され、元フランス代表のジダンはじめ西欧のW杯ヒーロー達も、幼い頃から「キャプテン翼」を観て育ったことは有名です。

江津プロデューサーは日本だけでなく、世界のサッカー界の興隆をもたらした人でした。

先日、TXのOBが集まる社友会でお会いした江津さんは、「いやあ高橋陽一さん(マンガ原作者)のお蔭だよ」と謙虚でした。


私は学生時代、田原総一朗さんたちが作っていた「ドキュメンタリー青春」が好きで12チャンネルに入ろうと、入社試験を受けました。

田原さんをはじめ、気骨のあるディレクター達が時代に切り込んでいました。

若き藤圭子を日比谷野音に座らせ、360度カメラが回って30分間、彼女の独白を撮る。

内ゲバで死者も出し、敵対している革マル派と中核派の委員長を、座敷で向かい合わせて議論させる。

ディレクターの一人、中本達雄ディレクターは、フォークの神様・岡林信康を無名時代から撮り続け、代表作「チューリップのアップリケ」を共に完成させました。

時代の情況そのものを映像化する、アクチュアルなドキュメンタリー。

権威や権力に屈しないジャーナリズム精神がみなぎっていました。

先駆者たちは次の時代への嗅覚鋭い目利きで、かつ「大変な仕事を軽々とこなす人」たちでした。

後に書く「浅ヤン（浅草橋ヤング洋品店）」で、清水ミチコさんに「テレ東の人は謙虚だから好きだよ」と言われたことがあります。

これも後述する、私たちのボス・プロデューサー、工藤忠義さん。そのボスからの教えは、「この局は来てくれたタレントさんには感謝の気持ちを忘れるな。ロクなギャラを払ってないんだから。来ていただいたと感謝しろ。」でした。

背中につっかえ棒をするほど威張っていたら、誰も来てくれませんでした。

当初TXは、大手の制作プロには予算的に番組を引き受けてもらえませんでした。

そこで上司だった河井昭CPは、若くて活きの良い第二陣営の中小制作プロを探し、大阪で元気のいい番組を作っているIVSテレビ制作などに目をつけました。

「日曜ビッグスペシャル」の「いじわる大挑戦」や「全日本そっくり大賞」などを発注し、15％以上の高視聴率を叩き出しました。

そこにいたディレクターが伊藤輝夫（テリー伊藤）さんでした。

それからの、長い付き合いになりました。

ＩＶＳは「天才・たけしの元気が出るテレビ」や「ねるとん紅鯨団」を作り、日本のＴＶ界にＩＶＳ型バラエティーの一時代を築きます。

低コスト、好視聴率というムリな課題で鍛えられた制作会社は、どこの局に行っても通用します。一緒に育ち育てる関係になって、ＴＸ育ちで活躍する制作会社も増えました。

人も予算も何分の一。

ないものはない、だからそれを克服するスベを考える。

それ以外に方法はない。

ゆえにその精神、哲学は自然と引き継がれざるをえません。

結果、それは全社一枚岩のコンセプトとなり、そして個性となります。

どの部署でも、誰の口からも不思議と、いやみごとに、「他と違うことをやろう」という言葉がでてきます。

ベテランも、新人も、そして経営陣からも。

3 実録「振り向けば番外地」……苦闘の歴史

またある日、出勤するとたくさんの張り紙が。
48、48の文字が、
受付やら、ロビーやら、エレベーターホールやら、局中に躍っていました。

何だろう？

視聴率？　嘘だろう⁉

20％以上の数字を自分の目で見たことがない、いや、10を超えるのだって滅多にない。

48・1％！　見たこともない視聴率。

ドーハの悲劇でした。

日本中が悲しんでいるというのに、神谷町にあるＴＸの社内だけは、密やかにお祭り騒ぎ。

４８００円の大入り袋が出ました。後にも先にも最高額でした。

テレビ業界では、「3強1弱1番外地」と言われてきました。

その後、六本木の1弱はみごとにその名を返上。

4強1番外地となり、後発弱小のTXは、「TV番外地」「振り向けばテレビ東京」とずっと言われ続けてきました。

TV番外地、苦闘の歴史

冒頭にも書いたようにTXは、生まれた時から逆境にありました。

開局の直前にも、政財官主導の科学教育局に免許が下りたことに、「デキレースだ」と競願4社が異議を申し立て、行政訴訟に発展。

この問題の解決には6年の年月を要しました。

開局当初、免許条件が、科学技術教育番組60%、一般教育番組15%、教養報道番組25%だったために、当初の放送の大半が「通信制工業高校講座」でした。

当時、中学卒業後に集団就職で上京した企業の若い技術者に、工業高校卒の資格を与えようと政財官で企図したものでした。

私が入社した頃もまだ、番組収録用の理科実験室が第3スタジオにありました。深夜にお化けが出るぞ、とおどかされたものでした。

倒産危機の折には、NHKが営業活動を行える第三波として、傘下に収めようとしました。が、NHKに営業活動を認める法改正の審議が、他の法案の遅れで未了になり、諦めました。資本関係があった毎日放送も買収の動きを示すなど、12チャンネル争奪の混乱は激しく、TXは大海の小舟のごとく翻弄されました。

開局の頃のテストパターン ©テレビ東京

当初より報道ニュースは朝日新聞と協力関係にあり、また毎日放送とはマイクロネットで「ヤングおー！ おー！」を放送したり、「奥さん！ 2時です」を日替わりで共同制作していました。

が、新聞と放送のいわゆる「腸捻転解消」(毎日新聞系のTBSが朝日放送と、朝日新聞系のNETが毎日放送とネットを組んでいたネジレ状態が「TV腸捻転」と呼ばれていた)を機に、毎日放送とのネット関係もなくなりました。

それらをとりまとめた、当時の田中角栄自民党幹事長の働きかけで、1969年、日本経済新聞が出資して経営参加することになったのです。

1973年、NETとともに教育局から一般局へ。「財団経営や教育局では、テレビ局の経営は無理であることが明らかになった」と『テレビ東京30年史』はスッキリ書いています。

開局当時の芝公園社屋

労使紛争頻発、ついにスタジオ座り込み

教育番組20%、教養番組30%と条件は楽になりましたが、累積債務のため社員の給与はジリ貧状態。

キー局なのに民放労連の区分けは、地方局と同じ扱いの「ローカルB」でした。キー局に入れると、春闘などの獲得成果の平均額が下がってしまう、という事情だったと聞きました。

当然、春闘やボーナスの闘争は激しく、シーズンには、局内の窓という窓に要求のステッカーが貼られ、空も見えない有様。廊下の天井にもタンザクが七夕祭りのように下がり、かがんで歩くといった状況。

ストライキも頻発し、スト時刻には、サブ(副調整室)のディレクターやミキサー、スタジオのカメラマンやアナウンサーの横に「スト対」の管理職がつき、笛とともに入れ代わるということが、日常的に行われていました。

ある時、社員と一体になって働いていた契約者や長期アルバイトの社員化の交渉が、郵政省出身の労務担当に変わって覆されたとして、ステイ・インというストライキが打たれました。

「奥さん！　2時です」のスタジオに座り込むというものでした。

生放送の時間、画面には、映画と「労働組合のストライキのため放送できません。映画『死の十三階段』をお送りしています。」のテロップが。

やがて、会社が地裁に求めた業務妨害の仮処分が出た、機動隊が来るから退去、の指示。

スタジオを出ようとすると、田原さんたちに「出るな！」と怒鳴られました。

そのあと労働組合の抗議で、仮処分の取り消しの仮処分が出たという、激しい時代でした。

弱小運動部、奮戦す

東京12チャンネル運動部の部長を長く務めたのが、早稲田大学レスリング部や全日本の監督も経験した白石剛達さんでした。

すでに人気スポーツの放映権は先発局が握り、権利金が高くて手が出ません。そこで白石さんは、アマチュアスポーツに目をつけました。部員に1人3スポーツを担当させ、徹底的な研究と人脈作りを命じました。

そのとき手がけたのが、まだ日本のTVではマイナーだった、サッカー、バスケットボール、ラグビー、テニス、卓球、柔道、ハンドボール、アイスホッケーなどでした。

そして、他局が手をつけない分野を見つけ出し、アメリカから「ローラーゲーム」、日本の「女子プロレス」を発掘して放送、20%を超える視聴率を叩き出す一大ブームを作り出します。東京ボンバーズなど多くのスターも育てました。

が、女子プロレスは「プレイガール」とともにワースト番組のヤリ玉にあげられて、終了しました。

高い権利金が払えず、ネットワークもないというハンデを背負いながら、白石一家と呼ばれた運動部員たちは競技団体の懐に飛び込んで交渉し、「キミが来たらもうしょうがないな」と相手に言わせるほど足繁く通って、扉を叩きました。

そしてついにロッテ戦の日本シリーズの放映権を獲得。さらに「ゴルフのTX」と呼ばれるゴルフ中継、キックボクシング、34・9%を記録したボクシングの西城正三（さいじょうしょうぞう）戦を開拓し、1970年にはサッカーワールドカップを全試合放送するという快挙（暴挙？）を成し遂げました。1974年、日本へのW杯衛星生中継を最初に始めたのもTXでした。

そして何よりも、日本に初めて世界の一流サッカーを紹介したのが、「三菱ダイヤモンドサッカー」です。

蹴球と呼ばれ、まだ全く人気のなかったサッカーを、20年間994回にわたって放送を続け、日本サッカー界の成長と発展の基礎を築いた番組でした。

江津さんも「『翼』と『ダイヤモンドサッカー』の2つあった意味は大きかった」と回想。

そしてそれが、ドーハのご褒美につながったわけです。

しかし権利金の高騰したオリンピックなど、相変わらず人気競技は取れません。

視聴しづらい時間の、あまり人気のない種目の競技が割り当てられます。

ロンドンでもリオでも、そしておそらく次の東京でも。

ただ、損なことだけではありません。

２００３年、29年ぶりにようやく獲得した日本シリーズは、あるかないかわからない第7戦でした。ところが阪神・ダイエー戦がもつれ、ついに決着は最終第7戦へとなだれこみました。千載一遇のチャンスをものにし、高視聴率を記録しました。

ネット局が少なく、見られなかったファンからは、「テレビ東京が日本シリーズを放送するのはやめてほしい」とネットで叩かれましたが。

育てて当たると、他に持って行かれる

ＴＸが育てて大きくなったものは、大抵ほかへ行ってしまいます。番組も、スポーツも、タレントさんも。

「題名のない音楽会」や「箱根駅伝中継」の始まりがＴＸだったことを、ご存知でしょうか？

「題名のない音楽会」は、クラシックの画期的な新番組として始まりましたが、経営危機の放送短縮のあおりを受け、スポンサーの意向もあり、ＮＥＴテレビへ行ってしまいました。

「箱根駅伝」は当初、箱根山中を登り下りする駅伝を中継しようなどと考える局はありませんでした。

予算もなく、ヘリコプターも電波追尾装置もなかったTXが、全コースを中継するのは元より無理。そこで担当の田中元和Dは頭をひねりました。

主催者の移動車に便乗して撮ったビデオテープを、東京タワーに電波の飛ぶ地点までバイクで運びます。便乗なのでゴールまでトイレに行けないから、水を飲まずにガマンして大変だった、と田中さんは社友会で言っていました。

そうして局へ届いた映像を、時系列順に並べて放送する、苦肉の高度なテクニック。

その手法を生かした青梅マラソンでは、ヘリの空撮映像のテープを落下傘につけて、小学校の校庭に落とし、自転車で運びました。

そうして、たちまち箱根駅伝は、13％を超える視聴率を獲得するまでになります。

しかし、もともと読売グループのイベントである箱根駅伝。最新の中継技術が整備されると、日本テレビに行ってしまい、今日の隆盛を極めるのです。

田中さんは「（視聴率が上がって）喜んでいるうちに他局へ持っていかれてしまう。テレビ東京で10％を超えた番組はほとんどみんなそうですよ」と『東京12チャンネル運動部の情熱』（布施鋼治著・集英社）の中で語っています。白石剛達さんも同書で「いつもウチが育てたら、よそにとられてしまうんだよね」とつぶやいています。

世界3大テニス、4大マラソンも同じように手がけては、他にもっていかれました。

「ヨチヨチ歩きのランナーが一流ランナーにタスキを渡した感じでしたね」（同書）と、白石さんはあくまで太っ腹です。

TXは高いギャラが払えないゆえ、大物タレントは使えませんでした。

そこで新人を起用して育てます。芸能プロダクションも喜びます。

そしてたまに大物を貸してもらえます。

しかし多くの場合、新人が育って美味しくなると、さあこれから、というところで、他の局にもっていかれます。

大物に育ってくれると嬉しいのですが、残念ながらギャラが上がると払えません。

なかには恩義を感じて義理を果たしてくれる事務所もあります。が、概して育ててはサヨナラというケースが多く、スタッフも割り切って、最初からそのつもりで番組と一心同体、育成につとめます。アニメの項で出てくる「同時成長型」です。

ある時、あまり仕事をした記憶のない大人気スターに、丁寧な挨拶をされたことがあります。

実は彼は、ある番組で大人数の新人とともに群舞していたジュニアの一人だったのでした。フロアーディレクターの私たちの仕事ぶりをジッと見ていたに違いありません。ドキリです。

演出番組も当たると、同じように他局にお金でもっていかれます。

でもパクられるということは、プライドをくすぐられて、ちょっと嬉しくもあります。

たとえば、後述する「浅ヤン」の「料理戦争」は、他局の料理対決番組にまねされ、大予算で大番組になりました。

一方、「鑑定団」の類似パクリ番組は、どれも続きませんでした。

何かTXのチープさが足りないと、味が出ないということもあるようです。

当たると事件発生

TXでは、順調にコトが運ぶと、何か事件が起こります。

夏のTX名物、「隅田川花火大会」。

1978年から独占生中継しています。

街の真ん中で上げる花火、中継していても火の粉の燃えカスが落ちて来るような、臨場感あふれる下町のイベントです。それで江戸時代には大火が起こったりもしました。

近年は、突然の大雨でビショ濡れになりながら中継した高橋マーサの「根性中継」が話題になり、ますます人気が上がっています。

私も約10年、何代目かのプロデューサーを務めました。

隅田川花火大会

消防法や交通渋滞の問題で、1961年から中断していた花火大会。17年ぶりに再開しようと、TXや地元の実行委員会が頑張り、いよいよ決定発表という矢先に、NHKなどから大クレームが。

公共の大イベントに独占放送とは、おかしいだろう、と。

その時のTXの回答の言葉が、名言として今でも残っています。いわく、

「空にカーテンは引けない……」

とはいえ、いま各社のヘリは仁義を守って、TXのTバード号の外側を回ってくれます。

この世界にも、江戸の職人気質は生きています。

ご存知の通り、TXはアニメのビジネス・スキームを確立しました。

アニメのTV東京と呼ばれるほど、看板になっています。

古くは前出の「キャプテン翼」、スカートめくりでPTAに物議をかもした「まいっちんぐマチコ先生」、そして数々の大ヒット作、「新世紀エヴァンゲリオン」、「ブリーチ」、「NARUTO」、「遊戯王」「テニスの王子様」、そして「妖怪ウォッチ」……。

しかし何といっても世界制覇の走りといえば、「ポケモン」でしょう。


1990年、スーパーファミコンの登場とともに、「スーパーマリオクラブ」という番組が始まりました。

渡辺徹、加藤紀子さんほかの司会で、任天堂一社提供。シリーズで10年以上続きました。

若手のタレントさんやお笑い芸人らがゲームで戦う番組で、さまぁ～ずをはじめ現在の人気者の多くが新人時代に出演していました。

あるとき、小学館の久保雅一(くぼまさかず)さんがスタジオに現れました。

ゲームボーイソフトの「ポケットモンスター」を、コロコロコミックでマンガにするので、番組でも取り上げてほしい、ということでした。

担当Pの私はじめスタッフもすぐには理解が足りず、たいした協力もできなかった記憶があります。

それがマンガになり、のちにアニメとなり、世界のポケモンになりました。

先見の明がなく申し訳ない思いです。

番組の日米チャンピオン対決を、ラスベガスのCES(国際家電ショー)会場で収録した時、全世界の家電メーカーが入るブースと同じ大きさの巨大ブースを、任天堂一社が占めていました。世界制覇のすごさを体感しました。


そのポケモンが世界で大ヒットし、局内大盛り上がりのさなか、事件は起こりました。

後輩でポケモンアニメの岩田圭介プロデューサーは、脚本打合せが無事に終わり、チーカマと缶ビールをお供に心地良く湘南ライナーでご帰館の途中、PHSのベルが鳴りました。

ポケモンを観た子供たちが、救急車で運ばれたという知らせが。

「何それ、悪いけど世の中でポケモン見ていない子供は一人もいないから、間違いでしょ、というぐらいの感じでしたね」と。本書のためにあらためて本人から話を聞きました。

半信半疑ですぐに局にとって返して明らかになったことは、日本中で750人あまりの子供の具合が悪くなったということ。何が起こったのか、にわかには信じられない事態。

のちに判明したことですが、ピカチュウの電撃攻撃のパカパカ映像が原因らしいという。

「大騒ぎです。戻って行った時、局の前に全局の中継車が並んでいました。煌々と明かりを焚いて。以前、ニュース報道部署に居た時は、マイクとカメラを向けて、どうなんですかって問い詰める側だったんですけど、逆にあの時は、どうなんだって言って追いかけられる側になりまして……カメラは武器だと思いました」

国会でも取り上げられる大きな社会問題となり、以降ポケモンの放送は中断。

「それから再開までの半年、辛い日々が続きました。当時は一木豊社長が参考人質疑で国会に呼ばれて、議員からポケモンの商品を売らんがため刺激的で危険な映像を流したのじゃないかとか、いろいろ詰め寄られました。が、一木社長は堂々たるもので、国会ではどっちが追及しているのかわからないくらいでした。この場には一緒にNHKが呼ばれていました。実はNHKも別の番組で同じような事件があったのです。十数人ですが、地方のNHKのアニメーション放送で倒れた方がいた。ポケモンは視聴率も高くて子供のほとんどが見ていたので(被害者が)多かったのですが、さらに放送をしていないエリアでも倒れてるんですよ。なぜそこで倒れたのか、番販(番組販売)もしていないし許諾もしてないのに。地方でケーブル局が同時再送信した違法放送でした」

英国から専門家のハーディング博士を招き、徹底的に調査しました。

そして、ポケモンショックと呼ばれた光過敏性発作へのガイドラインを作りました。

「ハーディングさんがお見えになって、光の点滅はこういう危険性があるということを初めて勉強させていただきました。日本ではほとんど認識されていなかった映像の危険性、フラッシュの危険性、それが明らかになり、今ある、1秒に3回以上を超えるフラッシュは危険ですよというガイドラインを作ったわけですね。アニメで『テレビを見るときは部屋を明るくして、離れて見てくださいね』という文章は私が作りました。いまはほとんどの放送局がそれを流しています」

記者会見などで「フラッシュの点滅にご注意ください」と出るのは、これ以降始まりました。

彼は高校時代、バンドに友人が連れてきたボーカルの歌を聴いて、最終的に断りました。のちに青学とTXで再会することになる、桑田佳祐さんでした。

先見の明がないのは私と同じですが、クワタケイスケとイワタケイスケは1文字違い、が岩田Pの自慢です。彼いわく、世界的にはある意味ボクの方が有名です、と苦笑します。

皮肉にも事件で、ポケモンと岩田Pを知らなかった世界中の大人たちにも知れわたるところとなり、4ヶ月のブランクの後に放送再開、ポケモンはさらに世界的なメガヒットとなって復活しました。

最近も「ポケモンＧＯ」で、また世界中の話題をさらいました。

4 逆境から生まれた名物番組

素人・一般人で番組づくり、シロート力をもらう
――「浅草橋ヤング洋品店」「TVチャンピオン」「開運！ なんでも鑑定団」「たけしの誰でもピカソ」

「浅草橋ヤング洋品店」略して「浅ヤン」(のちASAYAN)は、1992年、日本のバブルがまさにはじける時代、まだバブリーなブランド全盛の時代に、「普通の人の日常服のファッション番組を作ろう」と始まりました。

「浅草橋」は普段着の問屋街で有名な日本橋横山町の最寄り駅の名。「ヤング」、「洋品店」、といういわば死語を並べました。

時代の流行に対して、ゲリラ局らしいアンチテーゼの企画でした。

総合演出の伊藤輝夫(のちテリー伊藤)さんは、「泳げ！ トレンド地獄」というタイトルにし

たがっていたくらいです。

最初の打合せで、その輝夫さんが「渋カジのストリートファッションが面白い」と言い出しました。

当時渋カジは、渋谷でサラリーマンを脅す不良、と言われていました。そのファッションを取り上げようと言うのです。立ち上げメンバーの電通の井口高志さん、吉本興業の泉正隆さん、局Pの私やら一同悩みました。

が、とにかく第1回目は、渋谷の美竹公園に渋カジ君たちを集めて、「ストリート・ファッション対決」という企画をやることになりました。

浅草橋ヤング洋品店　古着マーケット

するとこれが面白い。ピアスの穴だらけの顔で、ゆるいダフッとした服を着た若者が、「俺の今日の服のコンセプトはなあ……」と一家言を吐き合うのです。

司会のルー大柴もタジタジ。観客の渋カジ君たちは、ヤンヤの喝采。

これはいけるかもしれない、と思いました。

そしてその後、みごとにストリート系ファッションは、世界の若者たちの主流になったのです。

テリーさんはまた、「人類で最も優れた人種は女子高生である」と主張。中学生もスゴい、と「中学生ファッション地獄クイズ」という企画もやりました。我々は「agnès b.」をアニスビーなんて読んでしまいますが、彼らは驚くほど詳しく、鋭い。実は彼らは、のちにもてはやされることになる「団塊ジュニア」達だったのですね。ボリュームもセンスも、次の時代をリードした世代でした。

そして「浅ヤン」は、DCブランドや様々な普段着を次々と取り上げて、ヒット番組へと育ちました。

ある日、「VIVAYOU」で有名なデザイナーのヒロミチ・ナカノさんが、映画『サム・サフィ』の紹介役で出演しました。ところがテリーさんがそのキャラの良さに目をつけ、ナカノさん企画が始まってしまいました。すると、ナカノさんが身分を隠して町の洋服屋さんを訪ねる「お洋服水戸黄門」企画が、意外な大受け。

シリーズ化となり、周富徳さんの「お料理水戸黄門」から譚彦彬さんらとの「中華料理戦争」へと発展しました。TV

浅草橋ヤング洋品店　香港中華料理戦争

の「料理対決」の走りです。

周さんと金萬福さんが、罰ゲームで中華鍋に乗ってゲレンデを滑り、中華料理人組合からお叱りを受けて謝りに行きました。

それから浅ヤンは過激で先鋭なドキュメントバラエティーとして、「電波少年」と並んで一時代を画します。整形シンデレラの石井院長や、城南電機宮路社長のロールスロイス対決など、話題企画を連発しました。みなタレントではなく、起用したシロウトさんがスターになって大活躍した企画でした。

また、ファッションショーの素人モデルを募集すると、素敵なセンスの男の子女の子が殺到し、岡田義徳くん姉弟などが次々とデビューしました。

シロウトはすごい！ とフツーの人のパワーをもらう番組にすっかり変身して、10年間続きました。

「ASAYAN」と改題後、オーディションバラエティーとなって、モーニング娘。やケミストリーを生んだのはご存知のとおりです。彼ら彼女らも、もちろんシロートでした。

「素人力」はTXの得意技となりました。

普通の人の本気の力は、タレントさんをはるかに超えます。

同じ年に始まった「TVチャンピオン」も、「大食い選手権」、「手先が器用選手権」などシロウトさんパワーを次々に発掘して、高視聴率の看板番組となり、社会現象にもなりました。スタート時のディレクターで、のちのプロデューサー太田哲夫（後輩なので敬称略、以下同じ）に取材しました。

「人間はどのくらい食えるのか、という素朴な疑問から始まった日曜ビッグの『大食い選手権』が当たり、犬飼佳春Pと『大食い』を作った零（ゼロ）クリエイトの石川修P、多田暁D、ホールマンと一緒に番組を立ち上げました。

世の中見渡してみて、やっぱり一般の人の方が技であったりキャリアであったり、多岐にわたっているじゃないですか。趣味的なものも含めて個人が持ってる能力と、職人としての技の頂点という、2本柱で企画を考えていきました」

そして「ケーキ職人」や「手先が器用」選手権などが次々と高視聴率を獲得、ラーメン通選手権ではラーメンブームを巻き起こし、大食いではギャル曽根、魚通選手権ではさかなクンらを世に出す大番組になりました。

「ギュッと縮めて言うと、やっぱり人間ってすごいっていうこと。20年も続いたわけは、人間はスゴいということをブレずに追求したっていうことですね。『演歌の花道』も大正（製薬）さんがいてくれて、ブレずにああいうふうな表現方法でずっと続いたように」

大食いが早食い番組になったり、他局が真似した番組が続出しましたが、どれもあまり上手くいきませんでした。「やっぱり元祖、見てる側の信頼関係じゃないですか。そこは視聴者との信頼関係で、我々も裏切らないし、結局、視聴者も裏切らないということです」。また、「大食いのギャル曽根とかラーメン通の石神さんとか、さかなクンとか、番組に出た一般人の選手が、みんなに夢や希望を与えられるようになったことがすごいなと思いますね」。

最高視聴率は「和菓子職人選手権」。視聴率が「20%を超えて21いって、やったーと思ってたら、1週間か10日後、ドーハの48%が起こりました」。

呼び水になったのかもしれません。

そしてその2年後に始まった、ご存知「開運！　なんでも鑑定団」、「出没！　アド街ック天国」も、素人パワーで長寿番組となり、現在もますます人気で続いています。

「鑑定団」の初代プロデューサー中尾哲郎からも聞きました。

「(制作プロダクションの)ネクサスと企画当初は、『ザ・鑑定』というタイトルで、単に骨董品に値段をつけるだけの企画だったんです」

だが中尾本人が実はコレクターで、アイドル番組を私と一緒にやっていた時にも、タレントの「宣材」パンフを山ほど集めて持っていました。

「だから何でも値が付くんだよ、深くて裾野が広いんだよと、持続的可能性を考えて今の鑑定団の姿になりました」。「コレクションというのは、かつては暗いオタクかマニアか同好の士だけのものだった。鑑定団が始まって、コンビニの棚には『食玩』がいっぱいになって、今では子供から大人まで蒐集する。鑑定団はある種、文化を変えました」。

「タレントは演技でエモーションを表現しますが、素人さんの良さは、平静なフリしてピクピクしてたり、喜ぶときは喜ぶ。観る方も、値段がひどく安いと、同情しながらワハハと笑っちゃう。高いと、うちにもあるかもしれないと根拠のない期待が湧く。

それを演じてるのが有名な女優とかではなく、全部素人さんなんですね。だから等身大で観られる」

私も「鑑定」の新番組を始めると聞いた時は正直、鑑定などで視聴率がとれるのか、と大いに訝ったものです。ところが、何十年も大事にしていたお宝が千円だったフツーの人の顔の、辛くも面白さ。もしかしてウチにも？ という「自分の儲け」と参加意識。当たる要素満載の企画でした。

スタート時は「バブル崩壊という背景があって、土地も株もグシャグシャにどんどん値が下がる。そんな時に茶の間に掛かってる掛け軸が起死回生になるかもしれないと、底が見えない経済状況にぴったりはまったんですね」。

『お宝と持ち主の物語』にスポットを当てて、構造的に黄金率で作っちゃったから変えようがない」という鑑定団。長く続いている理由を訊くと、「いつも局の週間最高視聴率なんですね。やめようがないんですよ」。愚問でした。

TVチャンピオンの太田Pはその後、みのもんたさんと「愛の貧乏脱出大作戦」を作り、高視聴率を獲得します。

客の来ないラーメン屋さんを、達人がスパルタ指導、行列のできる店に変身させる、といった企画で2ケタの快進撃。月9のトレンディードラマの牙城を崩しました。

「テレビマンとしての喜びはデカかったですね。素人さんに対して、観てる側も頑張れ頑張れという応援メッセージがたくさんあって。家族背負ってますからね」

みのさんが時々、抜き打ち検査に突然現れ、またダメになっている店主を本気で叱る、という場面が大いに受けました。

いずれも町の素人さんが主役の番組でした。

1997年にスタートした「たけしの誰でもピカソ」は、芸術とバラエティーというミスマッチをぶつけた番組でした。

世界のキタノ、たけしさんを主役に、最初は「日曜美術館」のように正面から芸術と取り組もうとしました。が、芸術についてトンとわからない私たち。美術界からは散々の評判で視聴率もとれず、制作プロダクションのイーストの瀬崎一世P、電通の町田修一Pらと右往左往していました。

ある日、たけしさんが言いました。「人は誰でもアーチストだよ」。

お蔭で番組はフッ切れ、「森羅万象すべてがアート。芸術と大衆娯楽の接点はエンターテインメント」という居直り気味なコンセプトで、12年も続きました。

「お笑いはアートだ」という今では当たり前のことも、「コラボレーション」という異種格闘技も発見しました。

その流れで始めた、シロウトさんが作品を競う「アートバトル」がヒット。誰ピカは人気番組になっていきました。

しかし、「アートバトル」について美術界からは、「芸術に点をつけるとは何事か」、とお叱りを受けたりもしました。

「この番組の価値軸は、芸術的に高尚かどうかではなく、おもしろいかどうかだけである」、と批判もされました。

ところが、庶民の作品、普通の人々の力はすごい。

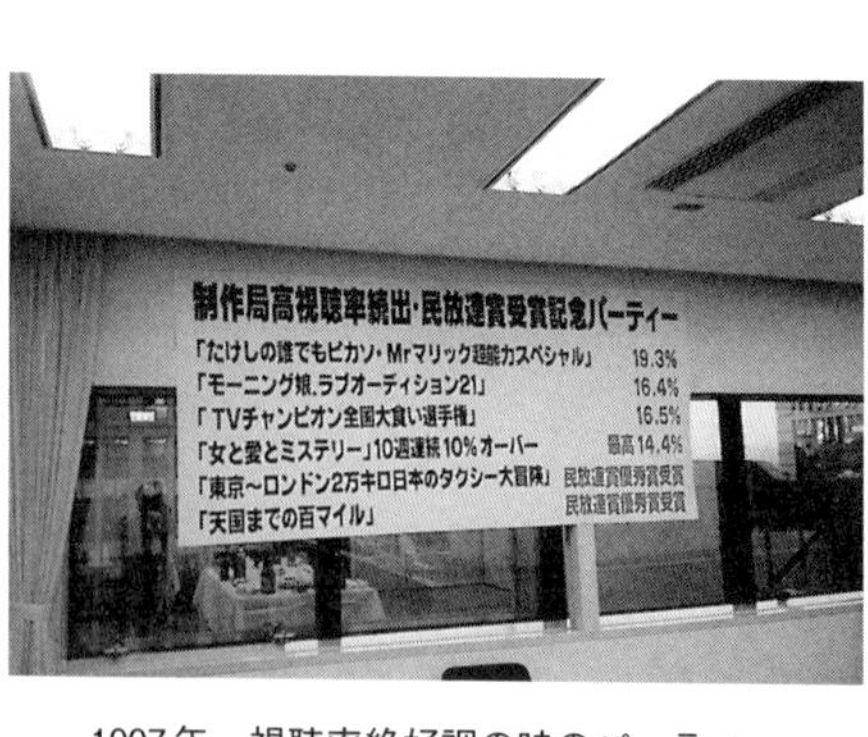

1997年，視聴率絶好調の時のパーティー

生活の地点からの創造は、それこそ「何でもあり」の世界でした。

スタジオには、いわゆる芸術家では思いもよらないユニークな作品が、次々と持ち込まれたのです。

アートバトルの審査員でアートディレクターの三猪末雄さんは、「アートバトルに作品を持って来てくれたのは、魚屋さんであり、水道屋さんであり、材木屋さんです。なんという素晴らしいことでしょう。」と賞賛。

たけしさんは、「作品を持って来た人には敬意をもって、ちゃんと評価しなくちゃ。へんな笑いの企画にしてはだめだ。」と、真剣に私たちに言っていました。

番組の本『THEアートバトル』などで、評論家の椹木野衣氏がこう述べています。

「現代の日本でアートに携わる身であれば誰でも『誰でもピカソ』にかかわることは慎重にならざるをえない（中略）。アートは一握りのエリートたちが、金に糸目をつけず知的な変態度を競い合う高度な密室ゲームなのであって、そこでは誰が見ても楽しめる大衆的な娯楽は軽蔑の対象でしかない」。「美術界がこの番組と関わることに躊躇するのは、元来芸術とは特権的な欧州貴族の密室変態遊戯的な閉鎖性が本質にあり、庶民が関わるなどもってのほか、まさにその貴族性と対極にある番組企画であるからだ」。

大衆娯楽と芸術、期せずして凄いテーマにブチ当たり、番組は活性化したのです。

普通の人々の、その底知れぬ力をもらえるか否か、それが成否を分けるカギとなりました。


このようにTXの長寿ヒット番組は、多くが大物タレントではなく、シロウトさんのパワーで成功した番組でした。普通の人のパワーは、どんなドラマの名優も及びません。商店街のおばあちゃんしかり、温泉の美人女将もしかり、YOUもしかり。

大物を使えなかったゆえの、素人力のお宝大発見、でした。


余談ですが、誰ピカにはマルセル・マルソーなど世界の芸術家が大勢出演しました。

そしてスタッフが異口同音に気づいたことがあります、それは、

「一流ほど威張らない」

威張って扱いにくいのは、二流三流の人でした。

新人を使え

シロートさんのおかげで生き延びてきたＴＸ。

前に触れたように、ＴＸは高い大物出演者は使えません。

自然、お金のかからない出演者の企画を考えます。

しかし、いくらなんでもプロがいなければできない番組もあります。

そういう時は、新人を使え。新人を使えるように育てろ。

これが神谷町の教えです。


出演者のギャラは、売れるとどんどん上がってゆきます。

昔は、テレビは宣伝になるので宣伝費を差し引いた低めギャラ、という時代もありました。

歌手は、曲のプロモーションの意味合いを差し引いた歌手ランクというのが、各局共通にありました。

しかし最近はそうはいきません。

あとで詳しく書く「ヤンヤン」は、大物歌手のキャスティングに苦労しましたが、一方で、大手プロダクションは新人を次々と送り込んできました。

歌番組で新人は、視聴率にならないので通常は歓迎されません。扱いも当然軽くなりがちです。

しかしプロダクションにとっては、新人を番組に露出させることこそが、重要なメリットなのです。

やがて新人のなかから、次代の大物が出てきます。

その時、いかに一緒に新人を育てたかがモノをいいます。

工藤ボスは、売れっ子がいない事務所の新人も大事にしろ、と言っていました。

大物を育てたノウハウのあるところは、必ずまた大物を作る。

そうして「ヤンヤン」は、次々とスターが輩出し、活躍する場となりました。

「ヤンヤン」の第3回放送の新人枠は、まだ小さなプロダクションだったアミューズの新人バンド、サザンオールスターズでした。「勝手にシンドバッド」を初めてテレビで歌ったのが、ヤンヤンと佐藤哲也Dの「サウンズ・クリエーション」だったのです。

スタジオの片隅で、ララーララ……と大声でリフレインの声慣らしを繰り返していた新人、ポケモンP友のあの大物でした。

大物の力はスゴい。だが、気を遣わなければなりません。

大物に気を遣ったり、売れっ子を立てなければいけない企画は当たらないことが多い。

主権者の視聴者が、二の次になってしまうキライがあるからです。

有名タレントさんに頼る局が、不調に陥る原因もそこにあります。


売れていなくても、新人でも、面白い素材を発見して自由に使う。

力を出させ、活躍させる演出力が、ヒットのコツのひとつです。

そもそもヤンヤンの司会者には、或る大物を予定していたのですが、やはり予算等が折り合わずNGになってしまいました。

そこでスタッフが、当時「うわさのチャンネル」(日本テレビ)でいつもゴッド姐ちゃん(和田アキ子さん)に水をかけられている2人組が面白いと、渋る工藤Pを説き伏せて、あのねのねに決まったといういきさつがありました。

ところが、大物司会者でないフォーク歌手のあのねのねが相手なので、アイドル歌手もスター達もすっかりリラックスして素顔を見せる、それまでのＴＶにはない音楽バラエティーになったのです。

ＴＸでは大物司会者や豪華なセットのプレッシャーがなかったがゆえに、若いスターたちが伸び伸びと育つことができました。アイドルしかり、タレント、芸人さんしかり。ナイナイ、とんねるず、EXILE、モー娘。、キョンキョン、シブがき隊、少年隊、浅草キッド……。そしてたけしさんもタモリさんも所さんも、初レギュラーはTXでした。

大物に頼れないゆえ、新人を育てて一緒に育つ。この伝統は今に続いています。

セットがいらない番組づくり――「いい旅・夢気分」

スタジオのセットにはお金がかかります。

数千万円を超える費用を、レギュラー番組の場合だと、何クールもかけて償却します。単発特番だとそうはいきません。無理して作っても、パネルやカキワリだけの淋しく貧相なセットになってしまいます。

そこで、セットのいらない企画を考える。

それで思いついたのが、旅・グルメのロケ番組でした。

自然という素晴らしいセットがそこにあるではないか、お宿やお店という素晴らしい舞台もある！

あとは演出力、それにはお金がかからないから、誰にも負けない演出を考えればいい。

対等以上の闘いができます。

旅番組のハシリ、「いい旅・夢気分」や「土曜スペシャル」は、こうして生まれました。

いまやテレビの画面には、各局が複製したこの種の番組があふれています。

先駆けをなした両番組は、使命を果たしたと言えます。


いま情報やネタはネットで簡単に見つかります。

私が「いい旅・夢気分」のディレクターをしていた番組黎明期は、まだネットなどありませんでした。

まずロケ先の観光ガイド本を山ほど読め、できる限りの資料を調べ尽くせ、地元の人に驚かれるぐらいの知識を頭に入れて行け、と代々言われてきました。

そうして立てたプランを、構成作家とＡＤと下見に行きます。

狙ったお店や宿などは、身分を明かさずお金を払って、食べたり泊まったりして調べる。

「いい旅」の神戸の回など、どの神戸ステーキを取材するのかがなかなか決まらず、構成の青島利幸さんとロケハンのかたわら、昼夜あちこち試食に歩きました。

「よしここだ!」とようやく二人で決めたところ、チーフＡＤの永田浩一がポツリと一言、

「いまイチっすね」。

生意気言うな、とは言ったものの、全国にご紹介する責任があるのでさらに試食。ついに永田もナットクの素晴らしいお店を見つけ出しました。

帰って、ロケハンの精算を出すと案の定、編成管理の久保田貞次郎さんから呼び出しが。

この人は、少ない制作費の伝票をチェックして予算に収める、厳しい鬼の管理責任者。

恐る恐る行くと、一言。「これだけステーキ食うのは大変だっただろうな」。

これぞ、編成管理魂！　無駄は許さん、が、要るものは要る。

大いに感激して、使い過ぎを謝りました。

永田ADはこのこだわりで、その後「美の巨人たち」のPを長年続けています。

残念ながら神戸の取材先は、ほとんどが震災で失われました。

番組のクオリティーが信頼されなければ、長続きしない。

どんな世界でも同じでしょう。

ネットは誰でも同じものが調べられます。

ネットに頼るな、五感で勝負、です。

報道も……ビジネス番組は地味でも他局に負けない

私は昔、「株式サロン」という部署にいたことがありました。1970年代、まだIT化以前の時代、日本短波から送られてくる前場後場の引け値を聴き取り、手書きで書き込んだ株価ボードをカメラがパンして映す、という仕事をしていました。

いまはコンピューター取引で静かですが、当時はラジオの向こうの取引所の立会の熱気で、その日の相場を占ったものです。株は人が取引するもの、経済にも人間の匂いがしました。何事も今より熱い時代、その頃から経済だけはTXの持ちネタでした。

昔からニュースは金がかかるといわれます。ニュースのギャザリング(取材収録)には人員も機材も必要です。後発で記者クラブにもなかなか入れてもらえなかったTXは、よけいに自力で取材しなければなりませんでした。

しかし、日本経済新聞の系列ということで、経済には強い。普通のニュースで勝てなくても、経済という切り口でニュースを扱うと違った一面が出てきます。

「WBS(ワールドビジネスサテライト)」は、初代・小池百合子、野中ともよ、田口恵美子(松岡修造夫人)、槇徳子、小谷真生子、そして大江麻理子と、個性ある女性キャスターが率いて、

「モーニングサテライト」（佐々木明子MC）とあわせて、独自の経済報道ジャンルを確立しました。「ガイアの夜明け」、「カンブリア宮殿」、「未来世紀ジパング」など経済ドキュメント番組も得意技となりました。

このジャンルなら勝てる、他局の追随を許さない、という自信がTXには生まれました。是非は別として、経済界や投資家の視点を通してみると、現代の資本主義の本音と本質が垣間見えます。同じニュースでも、独特で違った色合いの側面が見えてきます。

番外からトップへ、池上無双

TXの放送する選挙報道番組は、以前は見向きもされませんでした。TXは開票速報のスピードもボリュームも他局のようにはできません。そこで報道が起用したのが池上彰さんでした。

「池上無双」のインタビューと、大江麻理子、大浜平太郎、相内優香のWBSチームで組んだ選挙特番は、他局の選挙特番とは明らかに一味違いました。

2013年「池上彰の参院選ライブ」は結果、民放ナンバー1の視聴率をとりました。世間はびっくり。それからTXの選挙特番は、常にトップクラスが定位置になりました。まさに下剋上。TXの新しい看板番組ともなりました。

番組に哲学があれば、その心意気を視聴者は感じてくれます。

権力者にも臆せず切り込む、タブーを衝く。そこにはテレビから失われていったジャーナリズムが生きています。

池上さんは、選挙特番チームと福田裕昭Pの共著『池上無双』(角川新書)で、こう述べています。

「テレビ東京の福田裕昭さんが私を訪ねて来たのは2005年のこと。私はNHKを早期退職し、自由気ままにフリーランスになったばかりでした」「新しい報道のスタイルを開拓したい。新しいテーマを生み出したい。新しい演出を試みたい。そんな彼の熱意にほだされて、ついテレビに出演することを了承してしまいました」「どうせ他局とは開票速報で対等に勝負できない。その割り切りが、新しい選挙報道を生み出しました」

「こんな話があるんだよと、つい口を滑らそうものなら、翌日には、企画を通しましたから、特番で放送しましょうと提案してくるのです。組織が小さくて風通しが良く、福田君が組織の中で信頼されているからこその早業です」

池上さんは同時期、私も同じ大学で過ごした全共闘世代です。

健全なジャーナリズムは権力をチェックする。それが社会や国民のため、という思想が徹底しているのです。

そう考えると、あの「池上無双」と呼ばれる、政治家への鋭い突っ込みも理解できます。

ブームを追えないから、ブームを創る

浅ヤンスタート時のパンフ

浅ヤン開始の時に作ったポスターは、巨大なテリーさんの顔の不気味なネガ。そこにセリフが一言。

「ブームになったら気をつけよう」

ブームのものはピークが近い。衰えるのは時間の問題。

そして何よりコストが高い。

ですから、ブームのものは他局にお任せして、違うものを考えます。

ブームは追わない、ブームを作る。

ＴＸの番組がキッカケで生まれたブームや社会現象を、ここまで述べたものも含めて、アットランダムに列挙してみましょう。

＊古くは、人気スポーツの権利金が払えず、ひたすらアマチュアスポーツを放送していた時代、海外から買った「ローラーゲーム」が意外な大ヒット。視聴率10％を超え、日本で生まれた東京ボンバーズもスターとなり、ドクター宮本の実況とともに一大ブームに。

＊どこも取り上げなかった「女子プロレス」がブレイク。しかし、低俗なお色気イベントだと日本視聴者会議のワースト番組に指定され、目の敵にされて終了。が、白石剛達さんは女子プロレスを本格的スポーツとして懸命に育て、小畑千代ら名選手を育てる。女子レスリングはアテネの五輪種目採用、リオ五輪の金メダルラッシュ、そして吉田沙保里、伊調馨選手の国民栄誉賞と、めざましい発展を遂げています。

＊日本ではまったくマイナーな種目だった蹴球、サッカーを放送し続けた「三菱ダイヤモンドサッカー」。観覧席にお客はほとんどいない時代。今なら「ゴーーール！」と叫ぶゴールシーンも、金子勝彦アナは淡々と「ゴールイン」とつぶやくだけ。

Jリーグ時代になってもその地味さは変わらず、大いに不満でしたが、そこにドーハの悲劇が。中継の試合終了後、釜本邦茂さんと金子アナらの、まるでお通夜のようなスタジオは、日本人の心境にぴったりと沁みました。桂谷哲二さんは泣いていました。

48・1%、それは、日本ではまだ夜明けの時代から、客席無人のサッカーを連綿と放送をし続けてきたTXへの、天からのご褒美のようでした。

＊「キャプテン翼」が海外で大人気に。世界のサッカー選手がサッカーに目覚め、翼ブームで競技人口やファンが増加、Jリーグ発足、W杯出場、開催へとつながる道を開く。

＊「ヤンヤン」、「レッツGOアイドル」のアイドルブーム。

＊「にっぽんの歌」、「演歌の花道」の、カラオケブーム。

＊賛否両論、セクシー番組路線。古くは「プレイガール」、「ハレンチ学園」のスカートめくりブーム、そして「ギルガメッシュないと」飯島愛ちゃんのTバックブームも忘れてはいけません。

＊関口宏の「テレビあっとランダム」、徳光和夫の「情報スピリッツ」から始まった「情報番組」というジャンル、その先駆け。

＊「いい旅・夢気分」「地球まるかじり」が創った、温泉ブームと旅・グルメ番組。

＊「浅草橋ヤング洋品店」の古着ブーム、ストリートファッション、料理対決、整形シンデレ

ラシリーズなど、新ジャンル、ドキュメント・バラエティー。
＊「TVチャンピオン」からラーメンブーム。「家系」は情報スピリッツの桜井卓也Dが、横浜六角橋周辺を彷徨（さまよ）って作った造語とか。
＊「WBS」の「トレたま」、「経済ニュース」というジャンルを確立。おまけに、初代キャスターから東京都知事が誕生。
＊「おはスタ」の「おはー」。
＊「でぶや」の「まいう〜」。
＊「モヤさま」の「ユルい」「狭い」街ぶら。これから「商店街ぶらり」流行。
＊「YOUは何しに日本へ？」のYOU＝外国人番組ブーム。
＊「ローカル路線バス乗り継ぎの旅」「家、ついて行ってイイですか？」のガチ路線ブーム。
＊「モテキ」「勇者ヨシヒコ」シリーズなど、サブカルの火付け。
などなど、硬軟両刀、酸いも甘いもありました。

何より、TXはアニメをビジネスにし、世界展開するスキームやストラクチュアを構築します。コンテンツビジネスの端緒を拓き、ゲーム・アニメ・テレビが連動する世界の雛形を作りました。

前述の通り、キャプテン翼に続いて、ポケモン、エヴァンゲリオン、NARUTO、遊戯王、テニスの王子様、妖怪ウォッチなど大ヒット、日本のみならず世界を巻き込む社会現象に。リオ五輪閉会式のフラッグセレモニーでは、マリオとキャプテン翼が登場。世界が認めたクールジャパンの象徴となりました。

『エヴァンゲリオン』の庵野秀明監督は、のちに『シン・ゴジラ』の大ヒットを飛ばします。ブームは追うものではなく、創り出すものでした。

ポケモンの岩田圭介Pは本書に、TXアニメの貴重な証言を語ってくれました。

「アニメを作る場合、どのTV局でもディレクターは存在しないんですね。すべて外部のアニメスタジオでしか作ることのできない番組です。ドラマも歌番も局のプロデューサーやディレクターがいて出来ますが、アニメーションだけは局では作ることができないコンテンツということがひとつ。どこの局も自社で作ることができないということは、どこの局がやってもかかる制作コストは同じ。歌番組に何千万円も美術にかけられる局と、ヤンヤンみたいにかけられない局との差がまったくないことがもうひとつです。どこで作っても当時30分1本800万ぐらいでした。

アニメをやりたいと思ったのが、日本テレビの『アンパンマン』の記事を見た時ですね。アンパンマンは、商品化の収入が番組の放送収入を遥かに上回っていると。

自分が子供の頃って、やっぱりアニメで育った世代ですね。少年マガジン、サンデーが創刊されて、そのあとアニメーションができて、巨人の星を観て涙し、鉄腕アトムを観て涙し、ハリスの旋風を観て涙し、学校の授業では教えられないことをいっぱい教えてもらいました。正義とは何か、友情、努力、勝利、頑張ることの素晴らしさとか、イジメはだめだよ、差別はよくないとか、友達の大切さとか、社会勉強を幼いころに教えてもらって、いま大人になって12チャンネルで働いてる。

子供時代にアニメが与える影響ってメチャメチャ大きい。こんどは自分がアニメを作って子供に感動を与えたい。学校の授業では教えてくれないことをテレビが教えてあげたいな。で、もうひとつはアンパンマンのように大きなお金をもたらしてくれるぞと。子供には夢を与えてくれて、大人にはお金を与えてくれる。子供に夢を、大人に金をというのが、私のアニメ人生のスタートでした」。

「93年に報道局から異動しまして、当時は映画部でアニメ担当。江津さんのキャプテン翼以来当たったものがなかった頃、最初に当たったのが、田宮模型さんのミニ四駆の『爆走兄弟レッツ&ゴー』ですね。TVチャンピオンでもミニ四駆選手権をやるぐらい、社会の中では大ブーム。(「RCカーグランプリ」や「スーパーマリオクラブ」の番組があって)その任天堂さんとのつながりで来たのが、『ポケットモンスター』ですね。97年の4月から始めました。あとは『新世紀エヴァンゲリオン』。庵野監督との付き合いは、そんなに世の中的には著名でなかった頃からのお付き合いです。いまや『シン・ゴジラ』ですごいですね。

ポケモンがアニメになるキッカケは、爆走兄弟レッツ&ゴーがヒットしている最中に、もうひとつやりたいと小学館サイドからあったタイトル話が、このポケモンでした。皆さんご存知ないと思いますが、のちにポケモンを放送する枠で『モジャ公』というアニメを放送していた。いまは亡き藤子・F・不二雄先生のマンガ原作をアニメ化したものですが、この枠がポケモンにつながります。その枠を代理店と開発していて、次どうしようかといったところにはまったという経過ですね。小学館サイドは久保雅一さん、ポケモンカンパニーの石原恒和さん、古いお付き合いとなりました」。

「97年の4月にポケモンがスタートして視聴率はウナギ上り、最初から10%を超え、それから毎週、当時のブブカ選手じゃないですけれども、コンマー%か2%ずつ視聴率を更新していくんですね。その年の10月クールでアベレージ17%を超えました。再編集の2時間スペシャル番組でも17%と、とんでもないポケモンブームに。視聴率は最高、収入もマーチャンが膨れ上がりました。そうすると、ああ、もうアニメでやることはすべてやりつくしちゃったなあと、私の鼻は天狗になりきってました。肩で風切って、なに10%とれない番組やってるの? みたいな年末、あの事件が起きました」。

1997年12月16日、先ほどの湘南ライナーの状況になりました。

「以前のアニメは、提供者であるバンダイさんもタカラトミーさんも、あまり積極的にはテレビ東京を使ってはいませんでした。テレビ東京は全国ネットではないからです。全国にオモチャを卸しているオモチャメーカーとしては、使いづらいのと、成功例があまりない。それと、強い原作を持つ少年ジャンプのような全国誌は、当時500万部ぐらい出ていましたか、テレビ東京は嫌いじゃないけど足場がないからね、というのが出版社の見解でした。

だったらアニメキャラクターそのものが人気になってどんどん広がればいいじゃないか、ピカチュウが勝手に人気者になって、日本のローカル局でもかけてくれて、海外でもピカチュウをかけたい、マーチャンやりたい、という人がいればピカチュウは大きくなってくれるだろうと。最初は日本でしっかりヒットして、ゲームソフトが売れてオモチャも売れていく、次は海外でもピカチュウと一緒に大きくなっていく。こんな同時成長型でいこうと思いました。ピカチュウと最初から一緒にやってきたという意味は大きい。それに続いたのが『遊戯王』、あとは『NARUTO』。これらはいまだに大きな稼ぎ頭になっています。キャラクターに支えられて、ヒット連発の黄金期でした」。

「同時成長型」というコンセプトを作り、それがエヴァンゲリオンから妖怪ウォッチまでの流れを作ります。「基本的なスタンス、やり方、テレビ東京のスキームは、ずいぶん経ちますが基本は全く変わってないですね。日本のコンテンツで海外に於て一番稼いでいるのがアニメーションで、その中でトップはポケモンとNARUTOです。海外の番組販売のマーチャンも含めた収入で言うと、全世界の6割から7割はテレビ東京のアニメだと思います。海外ではテレビ東京の名前が一番メジャーですね。Oh! NARUTO、ポケモン、ピカチュウ、遊戯王=TV TOKYOなのですから」。

なぜブームが生まれるか?

「家、ついて行ってイイですか?」の演出・P、TX制作局の高橋弘樹は、著書『TVディレクターの演出術』(ちくま新書)に、神谷町局舎の制作フロアーには音楽系、芸人系番組チームの右の最奥部に、「なんとなく手作りっぽい番組を作る人たちが集結する最右翼」の島があったと書いています。

「お金がない中で、有名なタレントさんがたくさん出ている他のテレビ局と戦おうとする」ために、まだ無名の頃から関係性を作る努力をする人々がいる一方で、「それとは全く逆のべクトルへ走りはじめた集団。それが手作りで番組を作ろうというテレビ東京の最右翼の人々です。

タレントに出演してもらうことをあえてあきらめ、ディレクターがカメラをまわせるようになれば、バラエティー番組でも長期間取材に行くことが可能になります。短期の取材では見えてこない新発見や、人間ドラマを描けるようになる。そこに活路を見出そうとした人々です」。

彼はカメラを持ってADと二人で世界へロケに行きます。他局は可愛いタレントが長距離バスで具合が悪くなっても、それでシーンが作れる。うちはディレクターが気持ち悪くなっても一秒もシーンにはなりません。

「やはりタレントさんなしで番組を作るには、それなりにシーンを作るのが大変だということです。つまり試されるのは、ディレクターの腕のみ。でも、だからこそ『物作り』としての楽しさが大きいのです」

物量があると、かえって見えないものがあります。

TXは給与が低かったので、一般人の目線や生の皮膚感覚に近く、普通の人々、庶民の生活場面や生活事情が身近に手に入ります。

また組織が小さいと、小回りがきいて決定が早い。

社屋が狭いと、コミュニケーションがとりやすい。

一番勢いのよかった90年代は、編成と制作が、神谷町の同じ7階の机越しに会話できました。無駄な会議がいりません。神谷町マジックはそこから生まれました。

TXにはまた、サブカル、カウンターカルチャー系ウォッチャーに注目されやすい体質があります。「またTXが妙なことやってるぞ」とネットで拡散され、マスメディアにも伝わります。

また、こんな事情も。

外部プロダクションは、制作費を考えて、他とは違う企画を持ってきます。

あるいは他の局に提出して通らなかった企画を、TXバージョンに書き直して持って来ます(番組名は言えませんけれど)。

すると、不思議とハマって当たることがあります。

だからみんな、それをあんまり失礼なことだとは思いません。

極言すると、今までTXでヒットしたGH(ゴールデンアワー)人気番組のかなりがそうだ、とも言えます。

TXのプアーさ、ハングリーさと、何でもありの空気の中だと、大きく育つある種の企画があるようです。

この予算で何とか作ってください。
それはムリです。
じゃあ、こうしましょうか……。
発注元、下請けを超える、お互いさま関係。

局プロデューサーは番組の品質管理を行います。
TXはプレビューにうるさいとよく言われます。
局Pは、制作プロの作ってきたVTRをプレビューして、ダメ出しを行います。
局Pは嫌われ役も演じなければなりません。
予算もロクに出してないのにうるさいな、と思われて当然。
しかしそこで妥協しないゆえに、TXの番組の作りは結構面倒臭いのです。
フツウでは当たりません、弱いから当たり前では当たらない。
もうひと手間、工夫する。制作会社もそれに応えてくれます。
ただ、予算は少ないのでムチャは言えません。

最低限のルールとして、ダメ出しはできるだけ早く、オフラインや白素材(字幕などの入っていない状態)の段階で言え、あとから言うな、がTXの発注Pの鉄則です。

MA(音声編集作業)後や完パケ(完成パッケージ)になってから直しを出しては、また作業をやり直すロスを生む、つまりコストがかかる。

そんな予算はありませんから、制作プロをまた泣かすことになります。

番外地とは、別の宇宙です。

昔は番外地なんて出ない、というスターもいましたが、今はそんな人はいません。

タレントさんもここへ来ると表情が変わる。どうせTXに出るなら他と違うことをやってやろうと、違う自分を出しにくる人が増えました。「三匹のおっさん」のように。

そんな力で自然に番組は個性的になる。外の人が力を発揮してくれる、お互いさま関係。

そうなればシメタもの。

このシチュエーションに辿り着くと、勝利の方程式が見えてきます。

5 視点を変えて生まれたアイデア

「ピンク・レディーを毎回出せ、視聴率を取れ！」

我々が「大魔王」と呼んでいたボス、工藤忠義プロデューサーが、吠えました。

「ムリですよ、月に2時間しかスケジュールがないんですから。」とキャスティング担当の斧（おの）賢一郎（けんいちろう）ディレクター。

「歌を4本撮ればいいだろう！　オイ伊藤、2時間で録れるように考えろ！」

ここまで何度か登場する「ヤンヤン歌うスタジオ」。

1977年から10年間、日本の音楽バラエティーの先駆けとして、たくさんのスターやアイドル歌手たちを生んだ名物番組でした。

入社4年目、番組スタートにセカンドADとして参加しました。

火曜収録、日曜放送。収録のスケジュールと香盤表(作業内容の表)を作り、その仕込みをする。

事務所や関係各所に、時間や内容の連絡と調整をして、本番を行なうという仕事を毎週やっていました。いつもジャニーズ事務所で連絡を受けてくれたデスクは、のちのSMAP担当の飯島三智さんでした。

「ヤンヤン」の工藤Pは、当時隆盛を誇った歌番組で各局に1人ずついた、業界著名な大物プロデューサーでした。

工藤さんは元来、歌謡曲・流行歌畑の人でしたが、ある日突然、「こんどヤングミュージックの番組を始める。お前たちがスタッフだ。」と言い出したのです。

彼の口から「ヤング……」という言葉が出ること自体が珍妙な感じだったのですが、当時、群雄割拠であったプロデューサー同士のテリトリー争奪戦のなかで、新境地を開こうという意図だったのでしょう。ジャニーさんと仲が良かったので、受け売りかもしれませんが。

しかしTXは、後発弱小で製作予算や人員はもちろん、さらに業界人脈も乏しく、その「ヤング」なジャンルとはほとんど付き合いのない局でした。

ですから、キャスティングを任された先輩の斧賢一郎ディレクターは、スケジュール台帳を抱えて、知人をツテに各事務所に日参する毎日。そして、当時飛ぶ鳥を落とす勢いのピンク・

レディーのスケジュールを、ようやく月に2時間だけもらえるという有様でした。

思えば、山口百恵さんは月1回、それも21時30分入りで2時間、だった記憶があります。

しかし工藤Pは、視聴率がとれるピンク・レディーを毎回出演させろ、と言ってきません。

この時代、プロデューサーの権威は絶大でした。

月に2時間、これで毎回出演させるには歌ポーズを4本とらなければならない。

ヤンヤン歌うスタジオ ©テレビ東京

カメリハ時間を節約するため、同じカット割でバンド前と歌セットで撮ったりもしました。

1カメと3カメを逆にしてみたり。

そして歌だけでは「出演」というには物足りない。が、同じ時間に他のタレントさんも仕込んでいるので、スタジオを独占するわけにはいかない。

そこで、当時ちょうど開発されたばかりのハンディーカメラを引っ張って、控室や美術倉庫、VTR室など局内あちこちで「カラミ」、つまりMCトークを撮ることにしました。

司会者だった「あのねのね」の控室に、靴を脱いで上がって車座になりフリートークをする。

するとしかし、それまでに見たことのないリラックスしたスターの素顔が撮れたのです。

今をときめくピンク・レディーが、当時流行っていた「演歌チャンチャカチャン」を、畳に立ってエアーのマイクで歌ってしまう、という具合。

その頃まで、スターは素顔を見せないというのが芸能界のオキテだった時代です。

スター歌手にアドリブやコントをさせるなど考えられない時代でしたから、これは新鮮な映像でした。


「ヤンヤン」の製作予算はもちろん他局の数分の一以下。豪華な歌のセットは作れません。

しかし、ヤンヤンのセットを10年間作り続けた美術デザイナーの宇都木民雄さんは、頭を絞って、可愛い風船やシャボン玉、ドライアイス、さらには銀フィルムを降らせてクロスフィルターでキラキラと撮るなど、知恵の限りを尽くして歌セットをデザインしてくれました。

百恵さん、聖子ちゃんらスター達は、その中で喜んで歌ってくれました。

技術さんも全力で協力し、局内各所での収録や外の緑地での歌撮りなどが、足りない予算をしのぐのに大いに役立ちました。

ヤンヤンの小さく大きな秘密――「ヤンヤン歌うスタジオ」

「ヤンヤン」が当たったのには、もうひとつ理由がありました。

それは、「ヤンヤン」の歌ポーズには、他の歌番組とは違うちょっとした秘密があったからです。

実は、歌手がいつも視聴者を見つめている、テレビを観ているあなたに向かって歌っているのです。百恵さんも、ジュリーも、マッチも、聖子ちゃんも。

「目線を全部取れ！」

工藤Pは番組のスタートにあたって、スタッフにこう命じていました。

しかし、これは結構たいへんな作業でした。歌のカット割りにあわせて、私たちフロアーディレクターは、歌手が目線を送るカメラを指し示すのです。歌手のほうも大変です。でも大物歌手ほどそれを良く理解してくれ、素晴らしい目線が視聴者に向かって送られたのです。

見つめられたほとんどの人は、歌のあいだ中、目を離せません。

他の歌番組とはまったく違う画像。普通は歌に入ると下がる視聴率が、逆に上がっていったのです。

ひらめき、スパークを実行して、番組の特長づけは思惑通り、みごとに成功しました。開局50周年特番の折、再会した当時のアイドル歌手たちは口々に、この「目線取り」をヤンヤンの思い出として懐かしがっていました。

彼らにとっても、それほど印象深い特別な演出だったのです。

さすがに、曲のテンポが上がった80年代半ば以降は、カット割りも細かくなり、目線取りはなくなっていきました。

それとともに番組の特長も薄れ、スタートから丸10年の1987年、ヤンヤンは終了しました。

最終回のディレクターは私でした。

「必要」が「最先端」を生かす

「ヤンヤン」には、ある幸運も重なりました。

それまでのTV番組には、2インチの大きなVTRテープを使っており、そのテープが高価なため、20回以上使って償却するという局内ルールがありました。

おかげでヤンヤンをはじめ、貴重な番組がほとんど消えてしまいました。いまのソフトの価値からすれば、何億円もの損失です。

しかも当時の編集は「スプライス編集」といって、本当にテープを切ってつなぐ時代でした。切ればテープの寿命が20回ももたないことから、「完パケ」収録が基本でした。

つまり番組の初めから終りまでを、生放送と同じくノンストップで収録しなければならなかったのです。TKさんもまだいない時代です。

途中で誰かが失敗してNGが出ると、サブ(副調整室)のディレクター卓から、「VTRさん、すみません。NGが出てしまいました。テープ頭に戻してください!」と頼まなければなりません。するとテレコールの向こう側は、明らかにブーイングの雰囲気で、「完パケで録れない駄目ディレクター」のレッテルが貼られてしまう、という時代でした。

ところが、ちょうどこの番組が始まった頃、「エディター(EED)編集」の技術が始まったのです。

つまりマザーテープから子供テープへ、ダビングしながら編集をする。テープを切らなくて良い方式が開発された頃でした。

映画のようにバラバラに撮って編集することが可能になったのです。

今のデジタル時代には、考えられない話ですが。

その「ブロック撮り」を、テレビで初めて開発して始めたのがこの番組、ということに結果的になりました。

しばらくして開発されたMA(音編集)技術も、ツギハギの番組をなめらかにするのに随分と助かりました。

それまでは音効(音響効果)の小関尚孝さんが、バラバラに録ってつないだ編集点に、秒読みして笑いや拍手をかぶせていました。その苦労がいっぺんに解決したのです。

今では当たり前の方式の誕生ですが、技術の進歩に一同大いに感激したものです。

当時の先端技術との出会いで、時間やコストパフォーマンスは大いに改善されました。

必要は発明の母。難しい先端テクノロジーをワケもわからず追いかけるのではなく、ハッキリ目的のある「必要」があると、それらを自然に使いこなせます。ＩＴ技術やＷＥＢの事業もきっとそうでしょう。

これをやりたいという強い必要があって、はじめてその機能をフルに活用することが可能になります。

小関さんはその後「鑑定団」の立ち上げを手がけ、あの独特な定番メロディーの効果音を、彼のセンスで編み出しました。今では他局でも鑑定となればその音が流れるほど、故人となった本人に代わって生き続けています。

タイミングをつかむのも力

EED編集が可能となった時期とタイミングが一致したことで、低予算・後発弱体のハンデを乗り越えることができたヤンヤン。

しかしテレビ界で初めての手法、それも苦し紛れに編み出した方法で、果たしてこれが番組になるのかどうか、一同甚だ不安でした。

バラバラに収録したシーンをつなぎ、いよいよ編集が上がって試写をしました。するとなんと、今までに見たことがない番組が生まれていたのです。

「面白いじゃないか！」と工藤Pはじめ、関係者一同もビックリ。

キャンディーズが「生花入門修行中」コーナーで、あのねのね以上の笑いをとってしまう。ピンク・レディーや山口百恵、ジュリーに新御三家（郷ひろみ・西城秀樹・野口五郎）が次々と登場して歌い、素顔のトークをする。あっという間の1時間の番組ができ上がっていたのです。

たまたま技術革新の時代と一致したタイミング。

それをつかんだ結果、前代未聞の作品ができました。

のちに「たのきん」や松田聖子、アイドル全盛時代の中森明菜やキョンキョン、光GENJIに中山美穂、南野陽子が華やかに活躍するヒット番組が生まれたのです。

1秒後、二度と同じ機会は来ない、チャンスは一度しかない

エピソードがもうひとつ。

当時、歌番組は衰退期で、それまでの各局の大型歌番組が消えたあとでした。

ある日、TBSのスタッフから、「お宅のヤンヤンで使っているドライアイスがモクモク出る機材を紹介してほしい」という依頼が入りました。

聞くと、「ドラマがコケて、1クールのツナギで歌番組を作ることになった」ということ。

「急なので、歌手のスケジュールもなかなか押さえられないので、こちらからコンサート先などに中継車を出したりして作るんです」という。

「大変ですね、頑張ってください」と、皆で美術さんを紹介しました。

そして始まったのが、「ザ・ベストテン」でした。

「ツナギ」の番組は、意外に成功すると言われます。

あまり期待されない環境が、新しい試みに挑戦しやすいからでしょうか。

ベストテンもヤンヤンも少しタイミングがズレていたら、成功はおぼつかなかったかもしれません。

チャンスは一度しかない。

1秒後、二度と同じ機会は来ません。

今度また、はない、次回また、はない。

機が熟したら、と言っていては、きっと永遠に機は熟しません。

リーダーはワガママであれ

こうして「ヤンヤン」はみるみるうちに人気番組となり、視聴率も15%以上に乗せるに至りました。

ピンク・レディーを毎回出せ、というプロデューサーのワガママが成功したのです。

もちろん陰には、スタッフの必死の努力がありました。

しかしスタッフも辛いだけでは、誰もプロデューサーについてはいきません。

ワガママの中に、新しい可能性や強い意思を感じたからこそ、この過酷な要求に応えたのです。

良い意味でのワガママや信念を通して、スタッフに対し明確な方向を示す。それが、プロデューサーやリーダーの大きな役割です。

たとえ、それが多少無茶だったとしても……。

面倒見の良かった工藤Pを部下たちは、前述のように、親しみをこめて「悪徳大魔王」と呼んでいました。

毎年12月12日の命日には、いまや重役・局長クラスを経験した工藤組の部下たちが、行きつけだった高田馬場の餃子屋に集まり、盛大に「魔王会」を開いています。

視点を変えると名案が浮かぶ

「演歌の花道」は、22年間続いた演歌・歌謡曲・流行歌の番組でした。

まさに「昭和」そのものの番組、日本のディスパレートな心情をそのまま絵にしたような番組です。

「浮世舞台の花道は、表もあれば裏もある……」という来宮良子(きのみやりょうこ)さんのナレーションで始まります。

セットは昭和の心象風景。デザインは田辺尚志さんと三浦良文さん。構成に合わせて毎回新規に青図(セットの図面、昔は青焼きだった)から作ります。

歌手はハンドマイクなし、ピンマイクで、その日の午前中に録った生バンドの音で歌うのです。

馴れない歌手は、手がブラブラしてしまい、歌唱力に加えて演技力も問われます。

小林幸子さんは開局50周年特番で、「歌手として、ものすごく鍛えられました」と回顧しています。

狭いスタジオで番組2本撮り。独特の映像が生まれた――「演歌の花道」

いまでは当たり前の番組2本撮り。

しかしTXが2本撮りを始めたのは、やはり予算の制約からでした。

当時TXには演出番組を作れるスタジオが大中2つしかなく、スタジオは毎週満杯状態。

私も後に「日曜ビッグスペシャル」などを、TBSや牛込時代のフジテレビのスタジオを借りて収録していました。

が、レギュラー番組は予算的に外のスタジオが借りられません。1日で2本、どうしても撮らなければなりません。

しかし限られたスペースで、演歌のセットを2ハイ組むのは至難の業。

そこで、箱庭のように凝縮したセットを、田辺さん三浦さんは毎回新規で考えました。

テーマが「酒」なら呑み屋街と酒場、「旅」なら駅やホームや線路、といった具合。

スタッフは、美術さんの建て込みが終る朝6時半から、台本のカット割りに沿ってセットに立ち、1カット1カット、カメラの位置決めをして場ミリを打ち(立ち位置に印をつける)ます。

演歌の花道 ©テレビ東京

それに基づいて、照明さんとカメラさんたちが、やはり1カットずつ絵を決めてゆく、まことに手作りな番組です。

同じ絵を2回出さないために、全カットの絵を決めるのです。

すると、独特の映像が生まれました。

2階建ての木造家屋は2階が極端に低く、遠近法で思い切りリアルかつデフォルメしてあります。酒場から、酔い醒ましの風に当たりに出ると、公園の遠見に町の灯りが瞬いている……。

その限られたセットを駆使して、凝縮したカットが切り取られていったのです。

それは他では造れない、1000回続いた演歌の花道ならではのシュールな映像が生まれました。

ストラグルがロングセラーをつくる

私もそうでしたが、たいていのディレクターたちは、この番組を担当しろといわれると、最初は躊躇(ちゅうちょ)します。なぜなら、長く厳しいしきたりで固められた番組だからです。ディレクターは、エンドロールに名前を出すからには、自分の演出で番組を染め上げたいものです。

私もさんざん番組の定型に抵抗を試み、初回から構成台本を書いてこられた曽我部博士先生から、「伊藤君の回はフォークの花道だね」と言われるほど、選曲も内容も異質なものにしたつもりでした。

そして果たして自回の放送の日、自宅のTVから流れてきたのは、なんといつも通りの「演歌の花道」だったのです。

さんざん壊して変革したはずなのに、それはいつもの番組でした。

そこでようやくわかりました。この番組の姿は、代々のディレクター達が変革しよう、破壊しようとトライして淘汰され尽くした、恐ろしいほどの形式と内容をもった番組なんだと。

逆に、みんなが毎回、ストラグルをし続けてきたからこそ、１０００回を超える長寿番組になった。安泰に座していたなら、きっと終っていた、ということを。

人の才能をもらう、スタッフワーク

ある日、私の担当の回に、ちあきなおみさんが来てくれました。

そのとき収録した名曲「紅とんぼ」は、私の密かな自慢作です。

大げさに言えばテレビ史上最高の歌ポーズの歌ポーズ作。

ところが、その歌ポーズを作ったのは私ではないのです。

どうして？　ディレクターは私なのに。

美術の三浦良文さんとセットの打合せをし、当日出来上がっていたセットは、新宿駅裏の潰れた呑み屋「新宿駅裏　紅とんぼ」。

中のカウンターには、ゆうべサヨナラパーティーをした名残りの、クラッカーの縮れたテープがぶら下がっている。翌日、店を閉めに来たママが、ひとりカウンターに座り煙草を吸っている。歌は「紅とんぼ」。

歌い終ると、思い出がいっぱいの店を見回しながら、電気を消し、バタンとドアを閉め、新宿の街へ去って行く。暗転した店内の窓に、街のネオンが映って瞬いている。

ディレクターの私がやったことは、カウンターのちあきさんをLBS(ルーズバストショット)のFIXでおさえていただけ。そして出て行くちあきさんを店のフカンで見送っただけ。その絵のままで、照明さんが明かりを落とす。ただそれだけ。

後年、「たけしの誰でもピカソ」で「ちあきなおみ特集」が放送された時、この歌ポーズが出てきました。

たけしさんに「これはドラマだな」と言ってもらえました。

足りないづくしのTXが生き残ってきた術(すべ)の代表は、その「スタッフワーク」です。

番組でも、PやDをやろうという人は大抵、何でも全部自分でできると思っています。

そのぐらいの気合でやらなければいけないことも確かです。

一人で全部できると思うし、そうしたい。

ところが人間一人では、全てのことを同時にはできない。

時間的にも分量的にも。なによりスキルがない。

すると、何とかいろいろな人の手を頼むしかない。「止むを得ず」人の力を借りることになります。

そこに「スタッフワーク」が生まれます。

いろいろな才能やスキルを動員する、プロの職人の力とキャリアを発揮してもらう。自分の仕事(作品)のために、みんなの力を最大限に発揮してもらう。プロたちのスキルを、最高度に発揮してもらえれば、PやDとして成功です。

そのためには、お願いしたり、持ち上げたり叱ったりしながら、何とかみんなを自分の思う方向に動いてもらおうとアクセクする。そして自分にはない、考え以上の素晴らしいものが出来上がったら、それこそ最高の演出といえるでしょう。

スタッフワークとは、総合力、「自分にない力をもらう」こと。

予算や人が足りなくても、視点を変えて、ホットなスタッフワークで乗り切る。

TXはホットスタッフの力で、今日まで生き残ってきたといえます。

ADは最低3年〜現場に身を置け

ＴＶの仕事というのは、極端に言えば、３日やればノウハウは覚えられます。

しかし、最も大事な「スタッフワーク」のためには、現場の気分が理解できるかどうか、それが肝心です。

現場のプロや職人の気持が解るには、一朝一夕ではいきません。

同じ空気を吸っていなければわからない、信頼されない。

ＡＤ３年の必要性はここにあります。


私がテレビ界に入ったころは、たまたまオイルショック後の不景気で、後輩が４年間入ってきませんでした。各局とも、ＴＶ界全体がそうでした。

蛇足ですが、不景気で他の局が採らないからウチも、という経営者はいけません。

20年、30年後の企業の姿を描けない。ＴＶ界のイビツな年齢構成の弊害は、最近まで残っていました。

その間、制作プロダクションに頼らざるをえなくなり、局の制作力は落ち、外部依存が常態化しました。その一方で制作プロの力は伸びたのです。

そんなことで、私はＡＤを10年近くもやりました。

しかし、「現場の気持」というものが解るかわからないかで、出来上がりには大きな差が出ます。

現場の気持が解ると強い。大いに説得力を持ちます。

ここでこう言えば、こう頼めば、プロは動いてくれる。こうすればプロの力を最大限発揮してくれる。

その阿吽(あうん)の呼吸が解るには、その現場の同じ空気を吸って、時間と苦労を共有しないと気分はつかめません。

スタッフの感覚、モチベーション、現場の温度が肌でわかるには、最低3年のフロアーワークは必要なのです。

ゴツゴツ、ザラザラ、ひっかかりが欲しい

来宮良子さんは、ナレーションを録る前夜、呑んでカラオケで声を枯らしてやって来ます。

そして曽我部さんの原稿を、コイツメ、コイツメと言いながら読んでいきます。

曽我部さんのナレーションは、七五調とも違う、微妙に読みにくいフレーズでわざわざ書かれているのです。来宮さんにはそれが良くわかっています。

スルッと行ってしまっては、心に留まらない。ゴツゴツ、ザラザラしてひっかかりのある言葉と声がフックとなって、人々の心を打ちます。

まさに「沁みるねえ……」。

名人二人の絶妙なバトルが、歴史的名番組を生みました。


フックが欲しい……とは、企画会議でよく聞く言葉です。

すぐに答えが出てしまう、ツルリとしたキレイなものではダメ。

企業でも、スルリとした摑みどころのない経営者では、みんな困ってしまいます。

整って完成したものには、人間、取り付く島がありません。ボルダリングで登れません。

ひっかかりのあるもの、少しできそこない気味が良い。

TXには浅ヤンはじめ、そんなひっかかりのある名物番組がいくつも生まれてきました。


所ジョージさんが初めて司会をした「ドバドバ大爆弾」。

シロウト芸に値段をつける公開生放送番組でした。アマチュア時代のとんねるずが、初めてコンビを組んでテレビに出た番組として有名です。

所さんは50周年の社史に、「自分がまだ24の時ですよ。しかも司会で！　どこの馬の骨かもわからない若僧をよく使ったもんです。テレ東は、エライ。（中略）私はテレ東では行くところまで行きました。本当に自分で自分のことを褒めてあげたい！」。

「ドバドバ」では、全身全霊、渾身の初司会で、エンディングの自作ギャグ曲を歌う頃には、声は枯れてガラガラ。そこで音声のベテラン板垣忠利さんは、テレビ初の司会用ヘッドセットを作って声を拾ってあげました。

サブ受け（中継を局で受けて放送する仕事）Dをしていた私は、生放送のガチンコ勝負なので、「大成功」とか「残念でした」などのテロップをいっぱい作ってテーブルに並べ、その場で「回転」や「起こし」など、当時のアナログなテロップ機能を精一杯使って盛り上げる仕事をしていました。

演出は有名な日本テレビ「うわさのチャンネル」を作った日企の赤尾健一さんでした。それまでの時代、番組は完全局員制作で、初めて外部演出と局の演出・技術スタッフが合同で作る番組でした。

2ケタ視聴率をマークし、ウナギのぼりの人気だった番組はしかし、会場の「百万円コール」が子供たちの射幸心を煽ると、PTA団体からクレームを受けて、短命で終了しました。

「夢のコドモニヨン王国」は、やはりIVSテレビ時代のテリーさんと作った番組で、シティボーイズが司会、宮沢章夫さんらのラジカル・ガジベリビンバ・システムと組んだ、とんがった子供番組でした。

「世界のおしおき」とか「こんなことしちゃダメ」など、ちょっと親が眉をひそめる企画で評判になりました。しかしGH19時台、大子供番組「パックンたまご」の真裏という無謀な枠で玉砕しました。中森明夫さんがコラムに「テレ東のトンガッタ子供番組がスゴいから見ろ！」と書いてくれた時点で、すでに終了が決まっていたというエッジな番組でした。

志は高く、目線は低く

土曜深夜に「独占！　おとなの時間」という、セクシーバラエティーがありました。「ギルガメッシュないと」の前身で、より過激かつカウンターカルチャー色の濃い番組でした。

野坂昭如さん司会の「男の時間」から始まり、「おとなの時間」、「ギルガメッシュないと」、「サタデーナイトショー」まで続いたTXのお色気番組は、基本にカウンターカルチャーの志がありました。それは、「11PM」に代表される、テレビの誇り高き大衆娯楽の文化戦線でもありました。

しかし、視聴率が高すぎて話題になり、上層部の奥様がご覧になって、「なにこのいやらしい番組！」と言われて終了の憂き目に、という問題あるエピソードもありました。

「おとなの時間」は深夜にもかかわらず、視聴率13％台を連発。当初は生放送でしたが、ある時ある演者さんが見せてはいけないものを見せてしまい、土曜昼間に収録して深夜ＯＡすることになった番組です。

その何代目かのディレクターになりました。

担当当初は、毎週ロケでヌードのポーズを撮っていました。最初は面白いのですが、すぐに行き詰まりました。衣装をつけない人間で作品表現を作るのは、とても難しいことだと知りました。

現代では恐らく放送できない番組でしょう。批判もたくさん頂戴しました。

しかしこの番組は、ヌードやお色気で視聴率を稼げば、中身はシュールで文化的な詰め物を盛り込むことができたのです。裸で視聴率を取れば、中身は自由で創造的。

メッセージフォークの特集で高田渡や中川五郎さんらに出演してもらったり、つかこうへいさんに「初級革命講座飛龍伝」を番組用の20分バージョンに再構成してもらい、放送したこともありました。

「志は高く、カメラは低く！」

ヤンヤンの工藤Pは「ギルガメッシュないと」を手がけて、この名言を残しました。
11PMもしかり、テレビ職人の心意気がお色気番組をカウンターカルチャーに仕立てた番組でした。

私はAD時代、「おとなの時間」のフロアーで、本番30秒前に踊り子さんの最後の下着を受け取る係でした。

そしてスタジオになぜか大勢いる関係者やマネージャーさんたちが、彼女に近寄りすぎないようにカバーする役目でした。大学を出てこういう仕事って何だろうなと思いましたが、大事な仕事でした。

また予算がないため、自宅を同僚のディレクターの撮影場所に提供して出社。帰ってから近所の目が変なのでスタッフに訊いたところ、ベランダで洗濯物を干すヌードポーズの撮影をしたら、道の向いの会社の窓が鈴なりだった、と。

同僚も一生懸命だったというので、怒るに怒れず。今なら事件ですが、とにかく話題には事欠かない番組でした。

AD時代は、将来自分の番組を作るためなら、床掃除でも何でもやろうという、若く眩しい時代でした。

どんな仕事でも、勉強にならない仕事は一つもありません。得るもののない仕事などありません。

初モノはＴＸでテスト

ＴＸの技術陣は、代々とてもアグレシブで、技術のレベルはどんな局にも負けません。カメラワークはもちろん、音声、照明も、はじめてのことにチャレンジします。ヤンヤンはそのおかげで成功しました。

新しい機材が開発されると聞けば、試作段階からすぐに導入します。そしてメーカーさんと二人三脚で研究し、改善します。初期故障をＴＸでひと通り出し尽くしてから、メーカーは汎用版を他の局に高い値段で納めます。つまり廉価なうちに導入できたことになります。

サッカーのコーナーにカメラのレールを敷いて、ド迫力カットを撮ったり、野球のスコアボード側からの投球ショット(昔はバックネット側からのショットが当たり前だった)などを、日本で最初に始めたのはＴＸです(前出『東京12チャンネル運動部の情熱』若松明氏の証言)。

歌手も新曲を出すときは、まずTXの収録で歌いました。ヤンヤンはじめ歌番組が、生バンドで歌う時代。歌手とマネージャーは出来上がったばかりの譜面をスタジオへ持ち込みます。

フルコーラスでは長すぎるので、とにかく2分半以内で収めて！　と、サブのTKさんからインカムで言って来る。なのでチーフADの役目は、バンマス（指揮者）とマネージャーと歌手の間に立って、曲をTVサイズに切るのも仕事。演歌なら3コーラスを1、3番の2コーラスにすればいいので楽ですが、ポップスはそうはいきません。ロクに譜面を読めない私たち。でも、イントロ16小節を8つに切れますか？　間奏8小節を4つにしてください。コーダは歌終わりジャーンでお願いしますとか、無茶を言います。歌手もマネージャーも新曲でよくわからないので、押し切られる。するとそのサイズがTVサイズとなって、他局の「ベストテン」でも「ヒットスタジオ」でも定番になってしまう。恐ろしいことです。それもこれも、新曲はとにかく気楽なTXで慣らしてから他局で歌うという風潮があったからでした。

ただ、ほどよい長さだと、この歌をもう少し聴きたいとレコードが売れたり、また聴きたいと視聴率が取れたり、効用がありました。その後、アーチストの連れバンドの時代になり、歌サイズは伸びる一方。視聴者は飽きてしまい、視聴率は下がる、CDは売れない、の負のスパイラルに入り、歌番組は衰えてゆきました。

中国紀行スペシャルのロケ

外国クルーを驚かせたENGの中国ロケ

1984年、「中国紀行スペシャル」の取材で中国南部を40日間ロケしました。まだ中国の多くの街が外国人に開放されていない時代、国家旅游局宣伝司の招待取材で、外国TVとして世界初の映像をたくさん撮影しました。日本に中国の観光を宣伝する試みでした。

雲南省シーサンパンナの奇祭・水かけ祭りのロケの時、同じく招聘されていた欧米の撮影クルーが、我が撮影隊のまわりに群がりました。三原正弘カメラマンが持って行ったのは、開発されたばかりの現在のENGカメラでした。当時世界中はまだ4分の3インチのUマチックという機材の時代。カメラにテープユニットをケーブルでつないだロケでした。それも全部日本製。それが、ケーブルなしのビデオカメラをカメラマンが一人で撮影するなど、外国クルーは生まれて初めて見る光景だったのです。最新機材をまっ先に導入して現場で試用する、TX技術陣の伝統のワザでした。

毎夜宿舎で撮った映像を見るたび、同行した国家旅游局の映像部門の大御所が、三原ショットに拍手をしていました。

三原カメラマンはヤンヤンでは3カメを担当し、私は世界一のTVカメラマンだと思っています。スタジオを見下ろす窓があった芝公園のIスタでは、歌収録の際、あまりに良い絵が来るので、三原はどこから撮っているんだろうとD卓からのぞき込んだことが何度もあります。セットの奥から低い姿勢でぐんぐんドリーしてくる(被写体に近づいてくる)映像が欲しくて、ついカット割りに3カメが多くなりがちでした。

ネットワークがないなら、ウラ技「番組販売」

「鑑定団」はじめTXのヒット番組は、最初は6局ネットで始まります。

ネットワークがそれだけしかないからです。営業やスポーツはそれで大変苦労しました。ところが人気番組は、全国30局以上で放送されたりします。何番組かは全国制覇を成し遂げました。

その秘密は、TXの特色の一つ、番組販売、略して「番販」にあります。

キー局とはいっても系列が6局だけなので、それ以外の地方は、他のネット系列局に番組を買ってもらいます。視聴率のとれるヒット番組はよく売れます。しかし、放送はその局の都合で深夜やマチマチな空き枠の時間になります。地方によっては「レッツGOアイドル」と「ヤンヤン」が裏表の時間帯で放送されるという珍事も起きました。

とにかくこの「番販」は、ネット局の少なさが逆にビジネスになった特異な例です。

この手は他のキー局では決してありえません。弱小局ゆえに編み出した、独特のビジネスモデルです。

そこからアニメの海外番販や配信、浅ヤンのように海外へのフォーマットセールス(同じ内容の番組を海外の局が現地の出演者で作る)などのコンテンツビジネスのノウハウが開発され、大きく展開していったのです。

エピソード3題

●賞レース(真剣勝負が客を呼ぶ)

1980年代、歌番組華やかなりし時代は、「音楽祭・賞レース」が盛んでした。

「日本レコード大賞」「日本歌謡大賞」をはじめ、各局それぞれの音楽祭が林立し、しのぎを削っていました。当初の音楽祭・賞レースは、メディア界と音楽業界の真剣勝負でした。レコード会社やプロダクションは所属歌手を受賞させようと、それは必死でした。

「日本歌謡大賞」はTV・ラジオのキー局8局が組織した「放送音楽プロデューサー連盟（P連）」が運営していました。「レコード大賞」がTBS独占になったので、それに対抗していました。その一員の私は、持ち回り担当局の年には、自社の事務局長の仕事をしていました。

ある担当の年、放送後の記者会見の壇上で、大物プロデューサーが殴られるという事件が起こり、マスコミを騒がせました。工藤Pです。担当局に貢献したにもかかわらず賞を逸した歌手の関係者が憤激して、と報道されました。複数局の運営ゆえ、1局の意向で結果が決まるわけではありませんが、音楽特番の海外ロケ出演などの尽力が報われなかったことも背景に、とも報道されました。

「賞レース」の台本

新人の対決、新人賞の競い合いは特に熾烈でした。新人たちが受賞できるかどうかで、陣営の将来の命運が決まるとまで言われ、各陣営挙げての戦いが繰り広げられました。

アイドル新人最盛期の1982年に「メガロポリス歌謡祭」をスタートさせたTXでは、その第1回目で、本命とみ

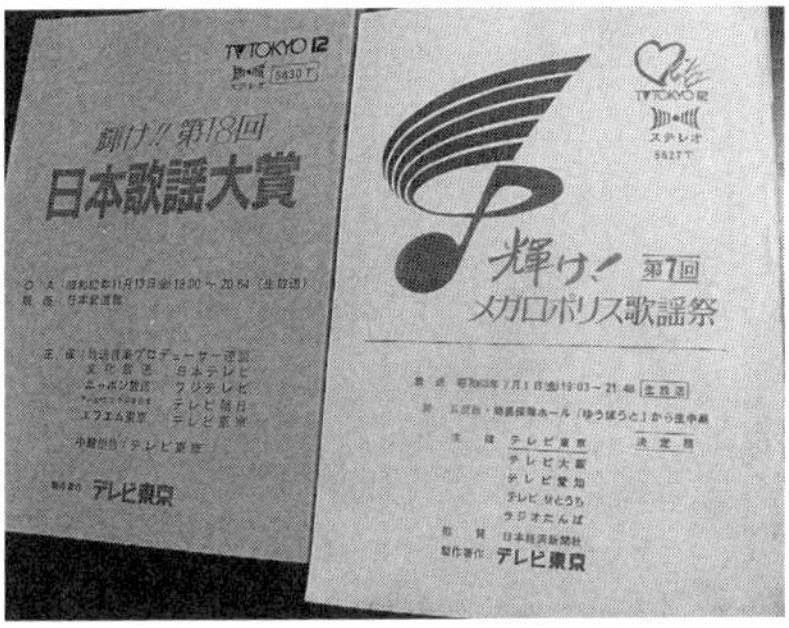

られていた新人歌手が最高賞がとれず、泣いて帰るという事件がありました。

当時、賞レースを拒否していたニューミュージック勢の知人の一人に、「意外に真剣にやっているんだな」と、妙な感心をされたりしたものです。

あらゆる意味で業界と業界がぶつかり合い、四つに組んだ緊張関係。そうした迫力が視聴者に伝わり人気を呼びました。その危険なほどの真剣さに人々の目は惹かれたのです。

その後、客観的なデータに欠ける、タレント行政が介在する、など、賞レースの弊害や問題点が指摘され、音楽ジャンルの分散化や世代乖離（かいり）、ニューミュージック系アーチストたちの参加辞退なども増え、賞レースは終息していきました。

P連の最後の委員長、日本テレビの吉岡正敏さんは、『日本歌謡大賞の記録』のなかでこう綴っています。

「共に手をとり、涙したこともありました。肩を抱き合い喜びを分かち合ったこともありました。（中略）本来なら敵対関係にある民放同志が仲良く集う放送音楽プロデューサー連盟」、「今や、歌謡大賞の歌謡という言葉で音楽の世界を括っての賞レースを開催することの限界を認識するに至りました」。

1994年、日本歌謡大賞は終了し、97年、P連は解散しました。

局の枠を超えた横断的なお祭り作り、業界全体での真剣な闘い。バトル、せめぎ合い。

そんな真剣勝負が祭りを活性化させ、パワーを発して、高視聴率を獲得していたのでした。コンプライアンスはもちろん大事です。が、安全地帯のぬるま湯での作品作りでは、視聴者は決して反応してくれません。

人間、毒も孕まなければ。清濁併せ呑んだ真剣なものを見せよ、ということでしょうか。

●年忘れにっぽんの歌（職人魂を敬う）

TXは40年以上にわたって、大晦日の夕方から「懐メロ」の生放送を続けてきました。「年忘れにっぽんの歌」です。

年輩方には、新曲が多い「紅白」より楽しめるといわれ、人気の高い年末恒例特番でした。近年は紅白歌合戦と掛け持ちする歌手も少なく、混乱なく放送されるようになり、また最近はホールの相次ぐ閉鎖でやむなくVTR放送となっています。

が、昭和から平成初期の歌番組全盛の時代には、たいへんでした。

当時は歌舞伎座で17時からこの番組が始まり、19時から武道館で「レコード大賞」、そして21時から「紅白歌合戦」、すべて生バンドで生放送。しかも紅白のリハが当日の昼間にあり、売れっ子歌手はその全部をかけもちするという状況でした。紅白リハ～歌舞伎座～武道館～N

HKホールのルートで、歌手は分刻みの移動をしていました。

31日には歌手はまず紅白のリハに臨みます。そして歌舞伎座に移動し、わが「年忘れにっぽんの歌」の生本番に出ます。かけもち歌手は番組の冒頭に出演、分刻みで構成してあります。歌い終わるとすぐ歌舞伎座を飛び出し、武道館の「日本レコード大賞」に駆け込む、終了後、渋谷の紅白本番のオープニングに駆けつけるという輸送を行なっていました。各番組には通称「ポン引き」という輸送係が、腕章をして各楽屋口で歌手を捕まえ、歌手名のついた黒いハイヤーで大晦日の夜の東京を走り抜けるという具合でした。秋には紅白、レコ大、年忘れの担当者が会議を持ち、輸送体制を共同で構築するのが慣例となっていました。

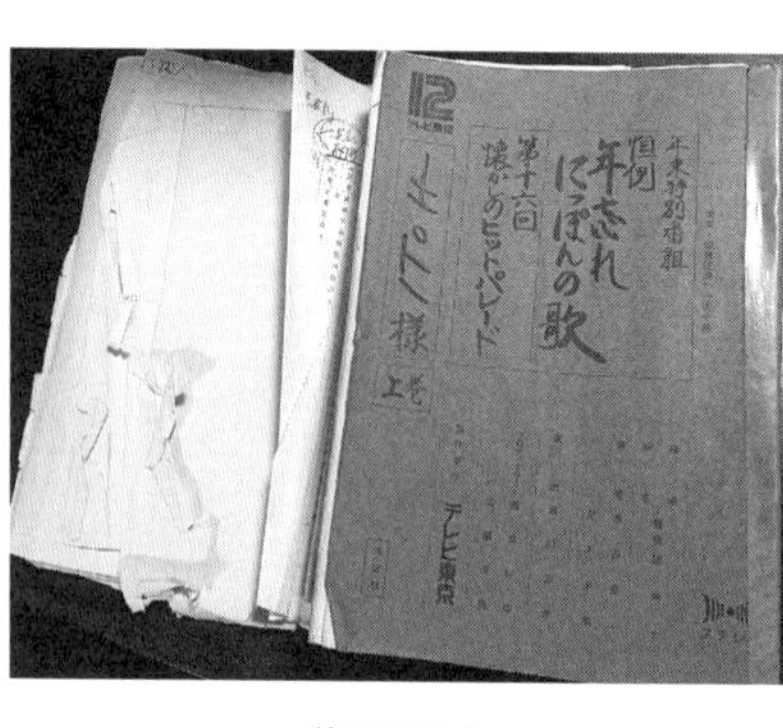

苦闘のあと

ところがなかなか計画通りには運びません。紅白はご存知の大セット大装置があり、カメリハも美術大道具さんの転換リハが大変なのです。自然、返し返しで押して(予定より遅れて)きます。ある数年間は、「年忘れ」の本番歌唱時間になっても、まだ紅白のリハ中という事態が起こりました。焦るマネージャーはポン引きに「もう連れて行ってください！」と懇願する始末。私もポン引きの時、歌手の手を引っ張って連れて行こうとして、紅白のスタッフから「他局の方は舞台に上がらないでください」とマイクでガナられたこともありました。

歌舞伎座は大変です。私が舞台センターを担当していた年も、歌手が時間にやって来ない。生放送中の出番は刻一刻と迫る。やむを得ず、急遽コーナーごと丸々順番を変えて、来ている歌手だけでできる景を先に始めて時間をかせぐ。しかしそれはそれは大変なことで、景ごとのセット転換を美術大道具さんは入れ換えねばなりません。照明さんは明かりの仕込みを、音声さんはマイクの配置を、カメラさんはカット割りを、歌舞伎座から映像を受けて放送を流す局のサブ受け担当は、歌詞テロップを入れ換えねばならない（当時は紙テロップだったので、机に並べていわゆる「カルタ取り」をやらねばならなかった）、バンドさんは譜面や楽器の差し替えを瞬時にしなければならない、出演者や司会者は台本の順番が前後ひっくり返る状況を演じなければならない、という有様でした。

当時新しい制作局長が他部署から赴任したばかりで、頭取部屋（歌舞伎座の楽屋受付に当たる部屋）でコトの次第をどうなることかとワナワナしながら見ていたところ、楽屋口から駆け込んできた都はるみさんや八代亜紀さんが、次の瞬間に何事もなかったかのようにモニターのテレビで歌っているのを見て、「プロの力はすごい」と今更ながら感激した、という逸話もありました。

その大混乱を必死に乗り切って、何とかひと段落つき、「以下、台本通り」と手書きのクレジットを会場に私が出した時には、どうなることかと近くで動転していた金子明雄大プロデューサーが、思わず握手をしてきたほどの騒ぎでした。

混乱は順にレコ大にも及んだため、さすがに数年の混乱ののち、紅白のカメリハは前日に変更され、現在に至っています。

年末年始休み返上で協力していただいていた歌舞伎座側の大道具さんをはじめとするスタッフも、テレビは大変だなあ、とすっかり連帯して修羅場を乗り越えていただきました。

本番が終って除夜の鐘が鳴ったあと、セットを撤収して空になった歌舞伎座の舞台に塩と水を撒き、歌舞伎座大道具チーフの音頭で、シャンシャンシャンシャンと三本締めを行なう。

達成感にあふれた、厳粛な瞬間でした。

歌舞伎座側スタッフは、元旦を味わう間もなく2日からの正月歌舞伎の仕事にかかるのです。20年にわたるご協力に、頭が下がります。

ブタカン(舞台監督)は本番前夜、歌舞伎座の裏のシチュー屋さんで、歌舞伎座大道具チーフ達と挨拶の一献を交わすのが慣例でした。暮れも正月も返上で協力してもらうからです。

にもかかわらず、歌舞伎座チーフは、「いやあ、この舞台に女が立つのは年1回のこれだけだと、若いもんが張り切ってくれるんだ」と、大きな器で言ってくれました。

いまは懐かしい、旧歌舞伎座の奈落を走り回った物語です。

●ゆく年くる年（地を這って花開く仕事）

大晦日に「ゆく年くる年」という番組がありました。当時の全民放105局ネットで、キー局が持ち回りで制作していました。

私たちの局は後発ゆえのミソッカスで、持ち回り担当局の中に入れてもらえなかったのですが、手を挙げて1975年以降、やっと担当局をやらせてもらえることになりました。

しかしこれは大変な番組でした。民放全部が同じ番組を放送する民放全局ネットの、お祭りのような番組です。

一方で、一つの放送事故は、全民放の事故となります。

最初の担当年の本番寸前、豪気で鳴らしていた上司が、総合ディレクター席でガタガタ震えていたという逸話があるほどの大番組でした。

持ち回り三度目の担当局となった1985年、全国数ヶ所の中継点のひとつ、横浜山下埠頭を担当しました。当時、ホコ天で大人気の一世風靡セピアのパフォーマンスでした。
① 倉庫の中で踊り始めた彼ら。

② カットが変わると倉庫の大きな扉が開き、船の舳先（へさき）が眼前に。
③ それに向かって倉庫を飛び出す彼ら。
④ 一気に外の岸壁、大俯瞰のカットに切り替わる。
⑤ 山下埠頭の岸壁いっぱいに躍り出た一世風靡、
⑥ 除夜の鐘寸前、横浜港の灯りをバックに踊りまくる。新しい年を迎える若き時代の象徴的シーン。
これが山下埠頭中継チームの構想でした。

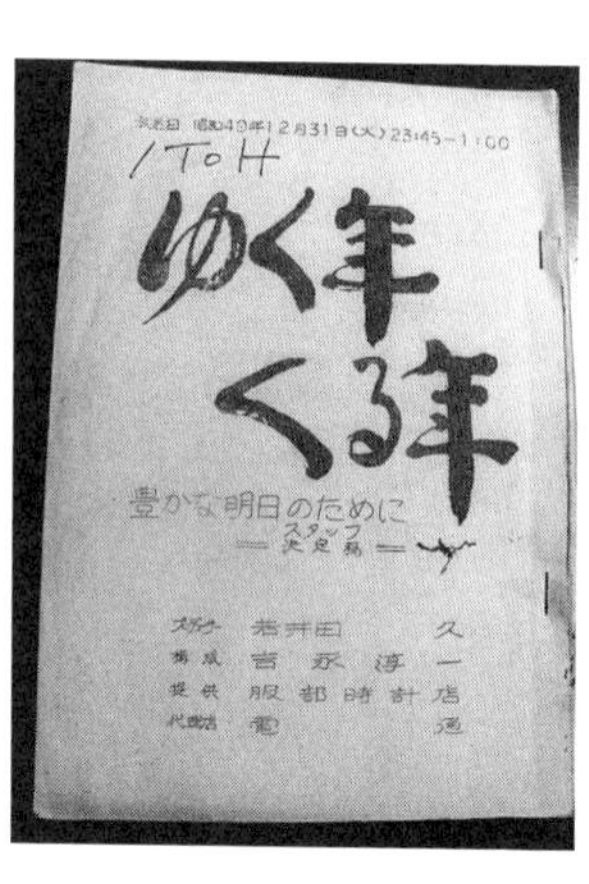

全民放同時放送！

ところが、準備段階で問題が続出しました。

まず、埠頭の許可をもらいに行ったところ、暮れからお正月にかけては岸壁に船がいない、ということが判明しました。荷揚げ作業が休みなので、係留日数が長くなって高くつく故に、みんな沖合いに出て投錨（とうびょう）してしまうという話。

それでは肝心の②ができない。何とかその位置に船を停めていただけないかと懇願しました。親切な担当官も、もし係留する船があればだが、休みに入るし保証はできないという返事。

さらに、倉庫の許可を取ろうとしたところ、埠頭の倉庫は保税倉庫といって、まだ通関していない荷物も置いてあるので、税関その他の許可が必要だということが判明。そして関係各所を訪ねたところ、何とかしてあげたいが倉庫の荷主の承諾が必要で、置いてある荷物は数十社に及ぶと言う。ここで構想は、完全に暗礁に乗り上げました。

その頃、局での全体会議では、総合演出の先代・市川猿之助さんを中心に、各地中継チームの進捗報告が活発に行なわれていました。京都の瀬戸内寂聴さんが出演する寂庵中継など、すでに完璧なスタンバイ状況でした。

こんな時点で、横浜はまだ許可のメドさえ立っていませんなどと言えば、ハチの巣をつついたような騒ぎになるのは明らかです。演出プランについては猿之助さんから、素晴らしいと高い評価を得ているにもかかわらず。

リスク管理が煩(うるさ)く問われる現在なら、当然ここでホウレンソウが行なわれるところでしょう。しかし、全体会議の盛り上がりに水を差したくないと思っているうちに、全体会議はそのまま盛り上がって終わってしまいました。

師走の寒風吹きすさぶ横浜港の周辺を、重い足取りで荷主Ｉ社Ｉ社に承諾をもらいに回りました。

砂漠で米粒を拾うような作業。だが、そこに一つの光明が。

荷主の中で最大量の荷物を置いているS社のN部長に、ダメ元でお願いに上がったところ、何と、「さぞそれはお困りでしょう。ここは皆さんを信じて、承諾しましょう。」と即断をいただけたのです。

ホントですか？ と我々。地獄に仏とは、この人のことだと思いました。

それから各社、一番多いS社さんが良いと仰っているのに駄目とは言えませんね、と雪崩をうったように、全社の承諾がいただけました。

ついに中継の許可をいただき、いよいよ前日。中継仕込みに向かった我々が目にしたものは……。

埠頭の中継地点に停泊している1隻の係留船！ 古びて赤錆びた中国船が、黄金の宝船のように見えました。しかも、埠頭の周辺を見渡しても、係留している船はその船一隻のみ。横浜市港湾局の方々がやってくれたのです。涙が滲みました。

そして大晦日の深夜本番、山下埠頭で一世風靡は見事に舞い、その映像が全民放に流れました。

後日、他局のPに「ダメだよ『ゆく年』でVTR流しちゃ」と言われるほど、あまりに構想通りの見事な絵柄でした。

ホウレンソウ（報告・連絡・相談）は大切です。

しかし、ヨットの舵を握るスキッパーは、どんな荒天でも決して不安な顔を見せてはいけない、と習います。

地を這って花開く仕事。ある先輩Pが口グセのように言っていた「俺たちは、見栄と仕切りの商売だ」という言葉が身に沁みました。

この話で教訓は語れません。ホウレンソウを怠って仕事を抱え込むからだと、当然のご批判もありましょう。

隅田川花火大会でも、毎年同じような仕事が行われています。

失敗しないと成功しない

リオ五輪の男子体操団体金メダルは、予選の失敗があって獲得できた、と報道されました。

「ポケモン」の久保雅一プロデューサーは新聞のインタビューに、「プロデューサーには目利きと資源管理の二つの資質が必要。目利きのセンスは経験が重要。山のように失敗しないと身につかない。」と述べています。

失敗しないと成功しない。失敗した分、成功への課題が見えてきます。

私たちＴＶの世界では、生中継などでカメリハがスムーズに上手くいくと、本番が危ないといわれます。

カメリハで何か失敗やトラブルを発現してしまえば、本番には修正することができます。それを見逃すと、本番でとんでもないことが起こります。

ここまでＴＸの良いことばかり書いてきました。が、そうはなかなか問屋が卸しません。成功の裏にはその何倍もの失敗がありました。

そのなかでも、とりわけ私の40年の在職中、局自体が2回大きくハズした時期がありました。一度は１９９０年代、ＴＶチャンピオンや浅ヤン、続いて鑑定団、アド街、貧乏脱出大作戦などヒット作が続々スタートし、来週にも他局を抜こうかという勢いの時でした。万年最下位の私たち、テレ朝の背中が見えた！　とばかりに、一気にメジャー志向に走りました。

が、体力も財力もない哀しさ、持ち味を見失い、あっという間に失速したのです。

もう一度は2000年代、高齢者ターゲットの番組が多いので、若いF1、F2(20～40代の女性)層を獲得したいと、「田舎に泊まろう」や「ポチたま」など、高年齢層にお馴染みだったレギュラー番組を終了させました。

するとたちまち、坂を転げ落ちるようにGH視聴率が急落してしまいました。

固定視聴者層にソッポを向かれてしまったのです。

近年、テレビ東京が好調と評価される所以は、キャッチフレーズ「まっすぐ、ずっと。」の如く、限られた条件のなかで考えて作ってきた番組が、テレビ界の現状のなかで相対的に個性として評価されてきたということなのでしょう。

WBSの司会に就任する際に大江麻理子アナが語った、「弱小局であることを忘れずに励みます」という言葉。それが全社的にワンボイスになることが強みなのです。

6 ハンデを武器にする極意 28

「神谷町マインド」が生んだ「神谷町メソッド」

ハンディキャップは武器。

繰り返し述べてきたように、小さくて他と同じことができないハンデは、時として逆に武器になりました。

後発・弱小・低予算・少人数・視聴率はドン尻・ネット局は今でも6局だけ。

しかしスタッフは、そんな耳にタコの境遇にメゲず、それを面白がりながら、意気軒高に新しい試みを続けてきました。

私はそれを「神谷町マインド」と名付けたいと思います。

レジリエンス=逆境力によってＴＸは、他とは一味違う独自の個性とチャンスを生み出すことができました。

その50年の歴史から、ある種の教訓が得られます。

「神谷町マインド」から生まれた、ハンデを武器にする方法。

逆境力の、いわば「神谷町メソッド」。

それは世界中の社会やビジネス、色々な分野でも活用できそうです。

これまで述べてきたことをまとめて、ハンデを武器にする極意、「神谷町メソッド」を挙げてみましょう。

困難に直面した時に、きっと役に立ってくれるでしょう。

1 カネがないならアタマを使え

もはや説明不要ですね。「神谷町メソッド」すべての基本です。

以下、ちょっとお説教臭くなりますがお許し下さい。

2 ないものはない、だからできないの言い訳にするな

極意2〜4は、前出の白石剛達さんが『テレビ東京50年史』に残した言葉です。

「苦労したといえば、やっぱりうちはネットが少ないのが一番かな。でもそれを百も承知で

やるしかないんだよね。ないものはない、だからできないって言い訳にしないようにしないと」

3 同じレールを走ると、追い越せない

「昔は一人ひとりの意識がみんな燃えていた。くされテレビだ、番外地だって言われてさ。何もないところからとにかく追いついて追い越せで、『同じレールを走っていたんじゃ追い越せないぞ』って。やってないやつ探して来いと。だからみんな一生懸命走り回って情報もってきた」

田町あたりで、山手線が新幹線を抜く時があります。別のレールだからですね。

4 ドアを叩け

初代スポーツ局長の白石さん、12代目の武石英三局長との対談でこう言っています。

「俺は部員には『ドアを叩け』と言った。とにかく叩けと。開かなかったら開かなかったでいいじゃないか。金はないんだし、それくらいのことしかできないじゃないかと。(叩かなければ)相手はわからないんだから」

その情熱で、関東ローカルにもかかわらず王・長嶋出場の日本シリーズ、ロッテ・巨人戦を

ゲットして、他局を慌てさせました。

5 断られても、言い草を作って会いに行け

これは白石さんの薫陶を受け、長く営業のトップを務めた菊池 悟が社史に語った言葉です。

「営業活動に特効薬も特急券もウルトラCも無い。地道にやるのが一番。担当クライアントが出稿ゼロだったとしても、(他への出稿を)すべて調べてアポイントを取る。断られることもあるが、それでも言い草作って会いに行く。テレビ営業は、広告主、広告会社、局、すべてが三位一体であって、他社に啓発されて、何を感じて、企画提案をしていくかが大切だ」

創業時から受け継がれるTX営業のDNA的手法といえば、「提案型営業」でした。

他局は25~27局ネットの60秒提供が主流。

TXは「他局の半分の金額で、30分枠のI社提供番組をもちませんか!」でした(『テレビ東京50年史』)。

そして「小松原正夫のゴルフ道場」に始まり、「すばらしい味の世界」「日立サウンドブレイク」「演歌の花道」「スーパーマリオクラブ」「医食同源」などのI社提供番組が成立し、TXの得意技となりました。

そこから「浅ヤン」や「TVチャンピオン」などの広告会社責任セールス番組、「いい旅・

夢気分」「ファッション通信」など大手宅配便や化粧品会社の大枠提供番組が生まれていきました。TX営業の歴史は、未踏の開拓史でした。

予算達成の度に開かれる「コロッケパーティー」が、伝統の名物イベントとなっています。コロッケを揚げる、上げるという意味だそうです。

6 一点突破全面展開

1970年代初頭の全共闘時代、どこかのセクトのスローガンでした。

テーマもコンセプトもターゲットも、一点に絞って攻撃する。

他に目を向けてバラまく弾薬や兵糧はない。

あちこちに標的を散らさず、ターゲットを絞り照準を合わせて攻める戦略。

これもTXの伝統的なDNAです。

たとえば「目線を取る」という戦術や、「鑑定」という一点に絞って、それを突破口として一気に展開する。

ブレない、狭い、深い、ニッチ、4つのキーワード。

最近、後輩の濱谷晃一Pも『テレ東的、一点突破の発想術』(ワニブックスPLUS新書)という本を出しました。

みんなに受けようと総花的になると、結局誰にも刺さらない結果になります。

それで信頼を失えば、お客を失うことになります。

視聴率の低下した名門番組が、苦し紛れに旅・グルメ・衝撃映像など受け狙いの散漫な企画に走り、結局終了してしまった例は少なくありません。

ターゲットを絞るとインパクトが生じて、意外に違う層にも訴求するかもしれません。

7 ヒットジャンルは捨てよ、ジャンルを作れ

私は丹沢大山の麓で畑を借りて、素人耕作をやっています。

農家の先生には常々、「草に追いかけられるな、草を追い越せ」と言われます。

時代の流行を追いかけている企画は、草に追いかけられている畑です。


プレゼンで、当たっているジャンルを提案すれば、理解してもらえます。

でも、ヒットしているジャンルにはみんなが集中します。

しかもハードルが高くて扱いにくい。お金がかかる。

すでに満杯のフィールドは捨てましょう。

ヒットジャンルはパスして、新しいジャンルを立ち上げる。ジャンル自体を作る。

まだ誰も手を出していないので、ハードルもコストも低い。手つかずのジャンルで、創造主になれます。

「ファッションバラエティー」も「鑑定バラエティー」も「オーディションバラエティー」も「芸術バラエティー」も「経済ニュース」も、当時それまでなかった創作ジャンルでした。

浅ヤンの項で述べたように、ブームのものはピークが近い。スタれるのも近い。流行っているもの、ブームなものをやらない。時代に合わせない。ブームになったらそこを離れて、ブームを作る側に立ちましょう。

ちょうどこれを書いている時に、大隅良典さんがノーベル賞を受賞されました。会見で、「人がよってたかってやる研究ではなく、人のやらないことをやるのが楽しい。それがサイエンスの本質です」。そうして「オートファジー」という分野を開拓しました。

たけしさんも「芸術ジャンルの限界をやすやすと乗り越え、演劇、テレビ、映画、文学の約束事を変革し、アートシーンの発展に影響を与え貢献した」として、フランスのレジオン・ドヌール勲章を受章したのは、記憶に新しいところです。

神谷町旧局舎

想像力はイコール、創造力。

開拓することは、苦労はあっても張り合いのある楽しい仕事です。

草を追い越して、新しいフィールドを作れ。

時代を追いかけるのではなく、いっそ時代を作ってしまいましょう。

8 未だかつてないものをイチから作る。話題を生産せよ

ＴＸのある年の入社面接のＮＧワード№１は、〇〇の番組や仕事に「たずさわりたい」だったそうです。

人の作ったものに「たずさわる」というだけでは、困るのです。必要なのは、新しいものを作る人だからです。

たけしさんは勲章授章式のテレビ取材に、「いまのテレビは、自分たちが作ってきたものを、

コピーしてやっているものばかりだ。新しいエンターテインメントを作る!」と語っていました。真顔でした。

近ごろ多いのが、衝撃映像や投稿映像のスペシャル。スマホで撮った映像をネットに投稿するのは簡単な時代。そうした映像の権利を買って集めれば、たしかに面白い。視聴率が欲しい時にはうってつけ。

でもそれは財産にはなりません。カンフル剤を打ち続ければ体も傷みます。自分のモノを作らないと、あとが続きません。

どこのチャンネルだかわからない没個性の局が増えました。TXもご多分に漏れず、視聴率欲しさにこの手が増えました。でも同じレールを走るのは、それは危険なこと。

田原総一朗さんは、テレビで大事なのは、スポンサーと視聴率と話題性だと言っています。どの業界にも通じそうです。

話題性は、待っていて自然に生まれて来るものではありません。仕掛けて、積極的に作り出さないと生まれません。

「ベースを作った者こそが勝つ」と言ったのは、あの孫正義さん。

未知の企画を立ち上げてレールを敷き、ブースターロケットを打ち上げ、カプセルを軌道に乗せる。未だかつてないもの、オンリーワンのオリジナルをイチから作る。

それに勝る楽しい仕事はありません。

9 アンチテーゼをぶつける、弁証法的発展

何を大ゲサな、と言われそうですが。

ブランド全盛のバブル直後の時代に、庶民的な日常服をぶつけるのが浅ヤンの方法でした。

いまあるテーゼに、反対のアンチテーゼをぶつけて、次のテーゼを生む。

アウフヘーベン、止揚する。

ヘーゲルの弁証法を実はちゃんと読んだことがないのに、偉そうで僭越ですが……。

反対の真逆なものをぶつけて、次のものを生み出す。

TXが好んで使う手法です。

10 アンバランスな方がいい、スキを作れ

どんなプロジェクトでも、完璧なものを求められます。非のうち所のないものを作りたいの

も人情。

でも、完全なもの（というのが本当にあるかどうかわかりませんが）というのは、案外窮屈なものです。「遊び」がないシステムは、逆に破損の危険を孕みます。

作品や製品にはお客の参加の余地、スキを開いて待つ……その仕掛けが、人々の入ってきやすい環境を作ります。

参加するスペースがある、ツッコミどころがあるほど良い。

屋台骨が出来たら、スキを作ってその部分をお客にあずけましょう。

演歌の花道のように、ゴツゴツ、ザラザラした「取りつく島」を作る。

浅ヤンの如く、スキだらけでツッコミどころ満載の、人間が付け入るスキを作って待つ。

意外にツボです。


初期の浅ヤンは、まさにアンバランスな番組。しかし何か時代の地鳴りを感じる危うさが。

ゆえに、視聴率はグングン上がっていきました。

予定調和でバランスのとれた企画はつまらない、

「アンバランスなほどおもしろい」……まさにテリーさんの面目躍如です。

浅ヤンの周りには、たくさんの若い構成作家たちが集まっていました。

そーたに、都筑浩、おちまさとさんなど、その後の日本のバラエティー界を担う、錚々たる顔ぶれです。

彼らが毎週山のように書いてくるネタをめくりながら、テリーさんが「これ、どうやったら面白くなるかなぁ」と尋ねます。すると書いた作家が、身振り手振りで必死に構想を説明する、そうして毎回の企画を決めていました。


走りながら、企画が企画を生む。

どうころんでも良いように、フレキシブルな展開を作れるようにしておく。

黄金律のフォーマットが出来上がる前に、かたくなに固めきってしまっては、ヒット作品は生まれません。定形にこだわらないで、中身をどんどんころがす……、
転石苔むさず、**ライク・ア・ローリングストーン**。

その遺伝子は、「モヤモヤさまぁ～ず」など、現役の伊藤隆行Pたちに代表されるTX「ユルい路線」に受け継がれています。

11 現場に身を置け、誰よりも汗をかけ

世の中にはたくさんのリーダー論が出ています。

名高いトップリーダーの皆さんの箴言には、次のような言葉が出てきます。

志、ビジョン、哲学、責任感、センス、ひらめき、フレキシビリティー、意欲・熱意・好奇心、思慮・気配り、努力そして勇気。

いわく、
＊ノウハウや手法・スキルの話より、ビジョンを語れ。
＊スタッフと、夢やロマンを共有せよ。
＊リーダーの求めるものと、スタッフの求めるものが合致することが、理想。
＊川上のものを、自前で考え、自ら作る。
＊プロダクト・クリエイト・モノ作りのマインドを持て。
＊スパーク（ひらめき）と、アジャイル（機敏さ）が大切。
＊ミスをおそれず、リスクをとって進め。
＊スタッフに報いよ。
＊ハートと愛。
どれも異議なしです。

1996年に「ザ・BINGOスター」という、金曜日22時の生放送番組がありました。まだネットやパソコンが普及していない時代に、視聴者と電話を使ってビンゴゲームをしよう、という意欲的（無謀？）な番組でした。

今ならネットやIT技術を使って、色々な方法がとれるでしょう。しかし当時、電話回線を使うしかない時代に、インタラクティブ（双方向）をやろうという果敢な試みは、少し早過ぎたのかもしれません。

視聴者は配られたビンゴカードを手に、テレビの前でドキドキしながら観ています。その初回生放送のカメリハ中、局のTDさん（技術責任者・スイッチャー）がサブ卓で、思わず呟きました。

「この制作会社のフロアーはできるなあ……」

複雑極まりないシステムと内容の進行を、グングン仕切って進めて行くのです。初回初日、怒号の飛び交う大混乱を予想していた技術さんはじめ局の私たちを、みごとに感心させた仕切りでした。

それもそのはず、実はその日のインカムをつけたフロアーは、制作会社イーストの角井英之プロデューサーと有名構成作家の安達元一さんだったのです。

自分たちで決めて作った番組の内容と構成の進行です。

中身は重々承知の上、予期せぬ事態にも、その場で次々と判断を下して、フロアーを仕切って行くわけです。

角井Pは「平成教育委員会」や、その後「アンビリバボー」を作った人でした。

安達さんもTV界を代表する構成作家の一人です。

キモである肝心な場面、その最初と最前線を仕切る、そして任せるものは任せる。

一番大事なのが、現場の最前線。

角井さんはその後、イーストの社長になり、いまも「アンビリ」のPを続けています。

映画『アウトレイジ』撮影の時、キタノ組のチーフカメラ柳島克己さんは、シーン替わりで監督と一言、二言打合せたあと、レールを持ってまず自分で敷きます。それに合わせてスタッフが、ワッと取り付いて、あっという間にカメラレールが出来上がります。

その早いこと。

椅子にふんぞり返って、右だ左だ、いやもっと前だ後ろだ、とドナっているより、ここだという中心を自ら示してやれば、時間も何分の一で済むのです。

ムダな怒鳴りはいりません。

自分で何もせず、スタッフにやれやれと言っても、スタッフは動きません。

まず自分で動く。

スタッフに信認されるのは、目的に向かって一生懸命汗をかくリーダーの姿です。

その背中を見てスタッフは動きます。起用した人材が、期待通りに働きます。

部下に任せられないのはダメ、というのは、その上での話です。


事業プロデューサーになって数年間、「北島三郎特別公演」の主催に関わりました。

当時75歳の北島さんは毎公演、舞台の上から「75歳の私も疲れます。でも、疲れるほどやらなければ、お客さんには喜んでもらえないから私は頑張るんです。」とお客さんに話しかけます。

大団円の「まつり」まで4時間に及ぶ北島公演は、北島さん本人が脚本を書き、微に入り細に入り演出をし、殺陣(たて)までつけるのです。私も最初は、そうは言っても誰かにまかせて、ご本人はどっかりと座っているのだろうと思っていましたが、とんでもない。一つ一つ位置を決め動きをつけ、音を指示し、明かりを指定し、立ち木1本の場ミリまで決めるのです。寸時を惜しんで、お弁当をかじりながら、時には舞台に飛び乗り、手取り足取り演出する。深夜までダメ出しをし、１５０人に及ぶ出演者に気さくに声をかけ、励まし笑わせて、本番の舞台を迎えるのです。

演出現場が長い私も、感服して頭が下がりました。

２０１１年の芸道50周年公演は、日生劇場の本番中に大震災が襲い、総立ちの観客に、舞台から何度も「落ち着いて」と呼びかけていた北島座長。22回公演予定が6回で無念の中止となりましたが、感動的な舞台でした。

北野武監督の撮影現場も、監督自らが動き回り、芝居をつけ、スタッフと絵を決め、一から十まで作りこみます。そしてその夜のうちにも監督自身が仮編集し、次のシーンにかかります。その前後では森昌行プロデューサーらが、監督が思い通りに演出できる環境を、一生懸命に整えます。

誰ピカでよくご一緒した山本寛斎さんは、自身がプロデュースした「寛斎スーパーショー」の協賛や後援を依頼するために、早朝暗いうちから、大きくてカラフルな自筆の手紙を何十枚も書いて送っていました。

ジャニーさんの、とことん一から全部自分の手で作る舞台は、つとに有名です。

「鳥は好きで飛んでるんじゃない」、たけしさんと今田（耕司）さんがスタジオの前室で、意気投合して話していたことがあります。優雅な白鳥も、水面下では必死に水を掻き続けている、と。

大御所と呼ばれる人ほど、決して人まかせにしてふんぞりかえってはいないのです。それどころか、常人の何十倍、何百倍も汗をかき苦労をして、今日の地位を築いてきたのです。

その姿や背中を見て、出来るスタッフが集まり、力あるプロたちが腕を振るって、さらに素晴らしいその人の作品が出来上がります。

しかもその苦労は、決してお客さんには見せません。

12 肩書で付き合うな、固有名詞で

ちょっと気をつけたいのは、「肩書き」での付き合い。

組織が大きくなればなるほど、肩書きはあまりアテになりません。

組織替えや異動で激しく変化します。いつ変ってしまうかわかりません。

まして弱小局だったこちらの肩書きは、とんと威力もありません。

クリエイティブやビジネスの仕事も、最終的には人間と人間との関係で成り立ちます。

その人がどんな肩書きの人なのかより、どんな仕事をする人か、どんな仕事をしてきた人かが大事です。あくまでも「固有名詞の世界」でのお付き合いが大切。


いわゆる「エライ人」へ話を持っていくタイプの人もいます。

企画などを通すのに、地位の高い人から命令を下してもらえば、たしかに企画は通しやすい。

でも現場にとって、それはとても困るし、迷惑な場合が多いのです。

実行段階で、必ずといっていいほど摩擦が生じて、上手くいかないことがある。

上からの押し付けは、現場の計画を狂わせてしまうことが多いのです。

上からの企画だと認識されてしまうと、逆に現場が思うように動いてくれないことも。

それより、現場の計画や戦略に責任を持ち、企画を推進するキーマンを見つけましょう。

TXの仕事の仕方は、キーマンとの仕事。

キーマンと現場に認められた企画でないと、ことは上手く運びません。

現場が納得して仕事に打ち込んでくれて、彼らがやる気になってくれれば、企画はほぼ成功したも同然です。

13 会議は短く、作業にかかれ

ダメな番組ほど会議が長い。そして会議の人数も多い。

会議のための資料作りに、特に下の者がエネルギーを使ってしまう、会議のための会議。

スタッフは一刻も早く作業に取り掛かりたいのに。

「会議はするな、資料は作るな」とは、カルビーの松本晃会長の言葉だそうです。

会議は必要最小限の時間で、大人数を集めるな。

それより早く作業にかかれ。

14 スケジュール立てで勝つ

私は学生時代、遅刻魔でした。が、仕事を始めてからはそんなことは言っていられませんでした。80年代の一番忙しかった時代、レギュラー3番組、特番2~3本を同時に担当するのが当たり前、できなきゃ使えないと言われました。大学ノートの横軸に番組名、縦軸に時間を書いて、なんとか縫って作業していました。今ならブラックですが、やりがいもありました。

どんなに良い番組を作るディレクターでも、納品がおぼつかないと仕事を失います。

計画を上手く立てると、お金をかけずに潤沢な作業をすることができ、切羽詰って無駄なコストをかけることも避けられます。

スケジュール立てで信頼度が変わる。時間にお金はかかりません、時は金なり。

余談ですが、ＴＶ業界では約束の時間よりあまり早く行くと嫌われます。

相手の予定が狂ってしまう。２分前が美しい。

15 ＰＣの前に座ってちゃダメ、ネットに頼るな五感で勝負

ここでまた、社史の白石さんの語録です。

アマチュアスポーツを１人３競技担当させた運動部。

「だから昼間にデスクにいると怒った。運動部なのに何やってんだ、お前！って。行ってお茶飲んでるだけでもいいんだ、行かなかったら情報が入らない。金がないんだから、どこよりも早く情報もってこなきゃだめなんだ。行って相手の目を見て話して仲良くなる」

「今は幸いにしてパソコンで情報がなんでも出てきちゃうからね。ところがそれは生きた情報じゃないんだよね。知識として一般の視聴者でもとれる常識。だからプロじゃない。

パソコンの前に座っていたんじゃ絶対ダメ」

ました。

16 相手を育て、自分も育つ、同時成長型

ポケモンアニメの岩田Pの話に出てきた「同時成長型」。

ピカチュウなどアニメのキャラクターも、両方で大きくなって、WIN－WINの関係になりました。

大物のプレッシャーが少ないので、新人が番組と一緒にノビノビ育ったTX。

その環境に、育成したい新人を積極的に送り込んだ事務所がありました。

1981年の「ザ・ヤングベストテン」の司会は、「Aチーム」「Bチーム」という6人の男の子でした。アイドル全盛期と呼ばれた翌年1982年、Aチームは「シブがき隊」として「レッツGOアイドル」の司会になります。その番組のレギュラーで、教室コントなどに出ていた可愛い女子高生が、歌デビュー前のキョンキョンでした。

そしてBチームは、「少年隊」になりました。

SMAPも「愛ラブSMAP！」で育ちます。ADの田淵俊彦は、忙しくてなかなか学校に行けないSMAPに、控室で試験勉強を教えていました。

彼はのちに「ガイアの夜明け」を演出します。

17 ベタを尊重せよ

「Stay hungry, stay foolish!」と言ったのは、スティーブ・ジョブズです。日本にも「高く心を悟りて　俗に帰す」という芭蕉の言葉があります。

テレビのプロデューサーにとって、担当番組を放送した翌朝は、戦々恐々たる時間です。ビデオリサーチの視聴率が速報されるからです。

まるで通信簿をもらう子供たちのような心境で、運命の数字を待ちます。

映画やイベントの興行成績も同様です。

視聴率や興行動員のシビアなデータは、時として残酷な数字が出てきます。

その数字に、地獄を見る思いを幾度も体験します。

人々はナゼわかってくれないのか（こんなにイイ作品なのに）、と恨み言の一つも言いたくなります。でもそれが現実です。

昔は朝10時に、電話で編成に数字を聞きました。ポーカーフェイスを気取っても、声で動揺がすぐバレます。数字が悪い時は出社したくなくなります。が、悪い時ほど逃げ隠れせずデスクでジッと非難に耐えて、風が通り過ぎるのを待つのが賢明、というPの極意も学びました。

テレビやエンターテインメントは、「大衆娯楽」のメディア。

テレビでは、ベタなものほど視聴率をとります。いい数字がとれるのは軒並みベタな番組です。

マーケティングのデータと、ホンネのお客目線とは違うともいわれます。人は家に帰れば、身も心も裸になってテレビを観ています。堅苦しいものなど観たくない、ホンネで心から笑えて泣けるモノを観せろよ、と。

「大衆」という言葉で人々をくくることのできない時代ですが、データや自分の尺度ばかりでなく、人々が何に反応するのか、時代の気分や精神を省みないと、「大衆」の怖さを思い知ることになります。「モテキ」や「君の名は。」の大ヒットを飛ばした東宝の川村元気Pでさえ、最近のラジオのインタビューに、「大衆の気持ちはわからないんです」と答えていました。

プロデューサーには猛烈に自分の作りたいものがあります。逆にそれがない人は向いていません。

しかし、自分が面白いと思っているものだけではダメ。自分の好みのものだけをやっても当たらない……。

これは、制作を経験した人なら、誰でも一度は体験し、思い知ることです。

自分とは違う価値観が存在するのは当然。好みや考えを押し付けるだけだと、人々はソッポを向いてしまいます。

自分の好みは当たらない、好みと反対のものにもトライアルする。

そう割り切るとフィールドが拡がります。

残念ながら、良いモノや正しいモノが当たらないのが現実です。


この企画、頭悪いなあ、テリーさんの最高の褒め言葉でした。

頭がイイ、はテレビ界では褒め言葉にはなりません。むしろ逆の意味で使われます。

上から目線の小利口な企画は、視聴者から痛いシッペ返しを受けます。

ベタがいちばん難しい。


「やりすぎコージー」について大橋未歩アナは、「今田さんたちが命懸けで悪ふざけをしているんだから、私も命懸けでそれに返さなければ」と言っていました。「ゴッドタン」の松丸友紀、「モヤさま」の狩野恵里アナも同様の覚悟を継承して、「ベタ」に取り組んできました。

大衆をあなどらず、おもねらず、ベタを尊重せよ。

18 条件は厳しいほうが良い

私はヨットが好きで習っていましたが、ヨットは風に向かって上る方が力が出ます。安定もします。逆に、追い風のランニングの時は、不安定で「沈(ちん)」(転覆のこと)の危険がある、一番怖い走り方になります。追い風は危険。


人間、同じ条件なら、楽な方をとりたいもの。

でも可能なら、条件は厳しい方を選びましょう。

テンションがかかるとパワーが生まれる。

条件がキツいと、苦し紛れになんとかする。すると思わぬ新発明が生まれることがあります。

TXのヒットは、ほとんどがそんな条件下で捻り出したもの。

初期の運動部の白石さんたちが、暴れ回るほどたくさんのスポーツ枠を持っていたのも、スポーツ中継で昼間の時間を埋めれば、いくつもの番組を作る製作費がかからないという事情があったからでした。


「ASAYAN」で生まれ、日本中の人気者になったモーニング娘。

「LOVEマシーン」は、世界に誇るクールな日本の未来を象徴する曲になりました。

ところがご存知のように、彼女たちはオーディションの勝者ではありません。優勝者は平家みちよくんでした。落選組の娘たちの反発力を惹起させ、スターに育てたつんく♂さんたちのチカラ。ケミストリーもそうでした。

19 継承を絶やさない

テレビ東京は年に2回、大きな音楽特番を40年以上続けてきました。

先ほどの「年忘れにっぽんの歌」と、「夏祭りにっぽんの歌」です。

ここ数年、形が変わって去就も微妙ですが、それまでは隅田川花火と同様、全社一班となって取り組む大番組でした。

制作では総掛かりで、入社15年目ぐらいまで必ずシフトに入ります。

舞台、上手、下手、音Q、司会担当、譜面担当、踊り担当、楽屋、受付、総務、サブ受け等々。

その時は、やはり担当番組やP、D、ADの立場を問わず、様々なパートにシフトされて働きます。


生放送の歌番組には、ノウハウが必要です。

特に持ち歌以外の曲を歌ってもらうためには、譜面を起こし、アレンジをしなければなりません。歌手の音域を調べ、音資料を揃え、編曲をお願いして譜面を作ります。番組生バンドの基本編成で足りない場合は、インペグさん（演奏者プロダクション）に依頼して特殊楽器を挿します。譜面分けや譜面配りも伝承していかないと、すぐにはできません。

これらのノウハウは一朝一夕には学べません。

音楽番組が衰弱した時代にも、毎年細々と、しかし連綿として引き継がれてきたからこそ、ノウハウが途切れませんでした。

その財産で、近年の「木8（木曜8時のコンサート）」など、歌番組を作ることができました。

苦しい時ほど、ノウハウと技術の継承を絶やさない。いつかその財産が生きる時がやって来ます。

鑑定団の中尾Pは2代目に番組を渡すとき、一つだけこう命令したといいます。

「変えるな」

黄金率の構造が出来上がっているなら、視聴率がひとたび下がっても、裏番組が強くなっただけで変えることはならぬ、と。

物事には、変えなければならないものと、変えてはいけないものがあります。

やれ強化策だ、内容変更だ、出演者交替までアタフタやってしまうと、番組はたいてい終わります。

20 もうひと手間、無理をする

１９８０年代、演歌の花道と並んで「にっぽんの歌」という番組がありました。

流行歌を毎回色々な趣向で見せる歌番組でした。

ある回の出演者は小林旭さん、小林幸子さんら。曲目や曲順も決まり、これで通常のスタンバイOKの段階。

すると、構成の安延拓美さんがガツンと、「これ普通の番組ですよね、他の局でもできる」。

ならばと、曲目をショートストーリー仕立てで構成する仕掛けに。

だが、各事務所との交渉が難航。果たして台本どおりできるのか不確実なまま、本番の日を迎えてしまいました。

最悪の事態も考えて収録に臨んだところ、キャスティングの仲をとってくれた大先輩の吉川正孝Dから耳打ちが。

「オイ、(小林)旭さんが、無精ヒゲ生やして来てくれたぞ」

非力な後輩Dとしては、感謝感激。尋常ではない番組が出来上がりました。

やはり、大物は違う、先輩は違う。

普通のものを作るなら、仕事のプロや演出家は要りません。

まして物量をかけずに、頭一つ抜きん出るためには、他よりもうひと手間ふた手間加えなければ。


吉川さんのADをしていた頃、朝スタジオに入ると、吉川さんがよくセット前で寝ていました。

前夜からの美術の建て込みを見届けて、寝込んでしまうのです。

職人肌の吉川さんは、会社員としては不器用でしたが、歌の業界の人望は抜群でした。

早逝した葬儀には、業界の参列者が高円寺駅前の斎場から環七まで列を作ったほどでした。

21 予測を裏切る、お約束の予想を覆す

河井昭さんの項で書きましたが、1980年代後半、テレビが熱い時代、日本のTV界を席捲したのがIVS型バラエティーでした。

テレビマンユニオンなど初期からの大手制作プロダクションに対して、いわば第二世代のI

ＶＳは大阪で生まれ、関西バラエティーの精神を持って東京へ進出しました。

もともとバラエティーは、関西で当たったものが東京へ波及するという傾向があります。

浅ヤンも「探偵！　ナイトスクープ」などに触発を受けました。

テリー伊藤さんも所属していた当時のＩＶＳは、「天才・たけしの元気が出るＴＶ」や「ねるとん紅鯨団」の系譜を生み、キラ星の如き作り手や構成作家を輩出して、ＴＶ界へ送り出していました。

手間をかけ、コネくりまわして作る演出。

お約束の展開を裏切る、仕組まれた予測不能のストーリー。

私たちも多くの番組で関わりました。「いじわる大挑戦」「面白アニメランド」「勝手に笑ってランド」「夢のコドモニヨン王国」「全日本そっくり大賞」。

どれもプロデューサーにとっては、始末書覚悟のバラエティーでした。

が、その熱さと斬新さは抜群でした。


斜陽といわれるブロードウエイにあって、「オペラ座の怪人」や「レ・ミゼ」など高い動員率を誇るヒットプロデューサーは、その理由として、「変化と鮮度」を挙げています。密にオーディションで発掘した人材を起用し、プロデューサーが直接主役を指導する。常に観客に

「新鮮さ」を提供している、といいます。

22 AかBか、最初の選択を間違えるな

最近は減りましたが、番組などの現場ではしばしば怒号が飛び交います。「場を締める演出」の場合もあります。が、大半はスタッフの作業が思い通りの方向に進まない場面の怒号です。Aの方向に行くべきところを、Bの方向に指図を出して、Aにならないと大騒ぎをする。企業や組織でもありがちなケース。

正しくAの方向を選択せず、Bの方向を選択し指示してしまった、リーダーの判断ミス。それで怒鳴り散らされては、下の者もたまりません。やる気をなくしてしまいます。

AかBか、リーダーの最初の判断は、後の成否に大きくかかわってきます。「BINGOスター」のように、最初は仕切ってあとは任せる、リーダーの仕事。

23 決断力とは、迷う力なり

「リーダーとしての最たる必要な資質は、決断力である」と、よくリーダー論に書いてあります。プロデューサーやリーダーに決断力が求められることは当然です。右に行くのか、左に

行くのか示さなければ、プロジェクト全員が道に迷ってしまいます。

しかし、実際にはなかなかそう簡単にはいきません。

優柔不断な私もたびたび決断を迫られました。

リーダーが決断を求められる場面は、簡単には判断のつかないケースばかりです。

AとB、明らかにAが良ければ、誰も最初からBを選ばないし、判断を必要とはしません。

AとB、その善否が拮抗している場合が問題となるのです。

Aを選べば、逆にBの良いところが浮き上がり、Bを選べばその逆の図式になるケースばかり。


その解決策はズバリ、迷うこと。

神様でない限り、迷わない人など一人もいません。

オレは決断力があるぞ、と格好をつけて判断を誤る方が、余程格好が悪いものです。

いかにたくさん迷って呻吟し、七転八倒したかで判断の是非が決まります。

誰よりも迷った質と量が多いほど、ベターな結論に近付けます。

迷いに迷った挙句の決断こそが説得力を持つ。決断力とは、とことん迷う力、です。

24 撤退の勇気を持つ

登山の名人は、引き返す勇気を持つ人。

農家のプロは見切りが早い。ダメなものはダメと諦め、もう次の作物へと向かいます。

自分の考えに拘泥して、キズを深めない。

これはダメだと判断したら、プライドにこだわらず、「すみません」。

ムダなお金はかけられません、早いほどロスは少ない。

最善の努力をしたら、撤退の勇気を持つのも、大きな力。

心機一転、次へと進む。

25 顧客の信頼を克ち取る、信頼を裏切らない

モヤさまで大江アナは、「カメラにお尻を向けても店の人にお礼を言っている姿」が褒められたことがあります。

GHの番組でよく見かけるのが、中身を盛り上げて、さあどうなるか？　で、CM。

肝心なものを見せずオアズケにして、視聴率のためにCMあけまで引っ張る手法。

それを何度もやると視聴者は、馬鹿にするな、お客を舐めるな、もう観ない、となります。

雛壇に並んだタレント達でスタジオは大盛り上がり、同じような画面、同じような展開。しかし視聴者はまっ白けで引いたまま。最近よく見かける、時代が進んで悪くなったもの。地上波GHの視聴率低下が示すように、お客の信頼を失ったらおしまいです。

逆に信頼を克ち取ると、強い。

TXが生き残ってきたわけもそこにあります。

後輩の工藤理紗Pは、「昼めし旅」を創りました。すぐに他局にパクられましたが、その温かいスピリットまではパクれませんでした。前出の濱谷晃一著書のインタビューで、企画を考える際に大切にするテーマは？ の質問に彼女は、

「弱い立場の人の気持ちを考えることです」。

「昼めし旅」では、取材するAD女子が田舎でおじいちゃんおばあちゃんのごはんを見せてもらい、「食べるか？」と一口もらって思わず「おいしい」とつぶやく、その横顔を見ているおじいちゃんたちの優しい笑顔。

受信料で潤沢な制作費をかけ、「特別な撮影許可」をふりかざす大名行列のような旅番組に対して、タレントも使えない、予算数分の一の番組の勝ちだと私は思いました。

TVチャンピオンの太田Pが言っていた「視聴者の信頼」。

お金がなくても勝ち取れるもの。鍵はコンフィデンス。

26 エッジを効かせる

エッジな番組といわれた「浅草橋ヤング洋品店」ではいろいろな問題や事件が起きました。

「伊藤くん、無事これ名馬だよ」

その時の編成局長からこう言われました。

事なかれ主義だな、とその時は思いましたが、今になってみると少し違っていました。

何もしない馬は名馬ではない。

荒野や戦さを駆け抜けてなお無事、これはじめて名馬なり、という意味だという気がします。


エッジを効かせるためには、次の2つが条件になります。

27 哲学を持つ

前述の工藤理紗は、子育てママをしながら、「極嬢ヂカラ」や壇蜜の「アラサーちゃん　無修正」などの、女性に踏み込んだエッジな企画を作ってPをしました。

「社会的なテーマを考えるキッカケを作りたいんです」、と濱谷著書で言っています。

無難に仕事をしていれば、無事で済みます。

しかし、リスク管理やガバナンスだけに血道を上げて冒険を恐れていては、ヒット企画はできません。お客の共感やインパクトが生まれません。今風に言えば、誰にも刺さりません。

テレビの場合、視聴者は制作者の覚悟を見ています。

それで信用するかどうかを決めます。

ここぞと世に問う熱意と勇気、心意気と本気さが伝わってはじめて、世の中の目をひく話題性が生まれます。


このためにこれをやるというテーマを持って、時代や社会の情況に肉薄する。既成事実や固定観念に「？」を投げかける、哲学を持った企画。

エッジを歩ける、たけしさんやダウンタウン松本さん。ギリギリを突いて本質を明らかにするが、逸脱しない。そして、安定したら壊す、たけしさん。

「映像とは現実を思想で切り取るもの」……上司だった若井田恒さんの映像論でした。作り手は、現実から切り取った映像で、番組の思想を提示して問うのです。

日本の方向は誤っていないか？ グローバルスタンダードは人々を幸せにするのか？ と。

哲学をもってブランディングされる「格調」ある番組を作る、そうした質への「努力」にはお金はかかりません。

私はこうした哲学をもった番組を作る後輩たちを誇らしく思います。

28 問題にはピュアに。責任をとる

次章で私の「事件簿」を書きますが、エッジの効いたものをやればやるほど、当然にも問題は発生します。その時どうするかを体験的に考えました。

問題発生は、仕事をしている証拠でもあります。問題は、その問題にどう取り組むか。

あるときは、リスクをとり、そして責任もとる。

逃げ隠れせず、問題に正面から取り組む。

哲学を持ち確信を持って行なった企画であれば、毅然とした対応ができます。

説明すべきことはキチンと説明し、謝るべきことはキチンと謝罪する。

そこで起こったミスにも、率直に間違いを正すことができます。

責任転嫁や逃げ腰になるのは、哲学や確信のない仕事だからです。

逃げ口上は通用しない、その場しのぎの言い逃れや隠蔽は、傷をさらに深くします。

問題の処理を先延ばしにせず、最初から最後まで「当事者」であること。

すべての対応は責任者が矢面に立つ、部下や下請け会社まかせにすることは許されません。

問題に正面からまじめに向き合うことだけが、前向きなリカバリーを可能にします。

真摯にピュアに取り組む以外、唯一最良の方法はありません。

問題の的確な処理と施策で、さらに強い企画として発展することもできます。

7 テレビについて

この頃、テレビがつまらないとよく言われます。

地上波で大人が観る番組がないと。

ＧＨはどこも、芸人さんが雛壇に並んで、ＶＴＲを見た感想を言って騒いでいるだけの番組ばかりだ、と。


ここ十年来、ＧＨのテレビ画面はお笑い芸人さんに占拠されたような雰囲気です。

たしかに、お笑いの彼らは優秀です。

一瞬のスペースとリアクションに、生命をかけた言葉で切り込みます。

誰も太刀打ちできない早さと的確さと、編集不要なコメントで。

大して面白くない台本や構成でも、彼らは頑張ってそこそこ面白くしてくれてしまいます。

だから演出家が育たない、シチュエーションだけ作って、あとはおまかせ。

これでは大人の視聴者は、逃げてしまいます。

地上波の視聴率は、ＢＳやネットのせいだけでなく、ここ十数年来みるみる下がっています。

以前は80％近くあったＧＨのＨＵＴ（総世帯視聴率）が、60％を切る日が珍しくありません。


日本の視聴者はレベルが高く、テレビのカラクリなど、ほとんどお見透しです。

本物以外は信用されません。作り手よりプロであるともいえます。

さらにその上を行かなければ、本当のプロとは言えないのは、どの世界でも同じでしょう。


お笑いもバラエティーもジャーナリズムです。

バラエティーは、常にモラルの限界を問われます。

それは報道以上に、です。

ジャーナリズムとエンターテインメントとは表裏一体の関係。

社会の方向に一石を投じるのも、またメディアの使命です。

トラブルを起こさないように、力ある者に睨まれないように、と窮々としている状況では、見応えのある番組は生まれません。

本質に迫るエッジな企画では、モラルの限界を常に厳しく問われることになります。

エッジな作品のプロデューサーは、鋭敏なジャーナリストでなければなりません。「問題番組」のプロデューサーほど、モラルの限界にシビアなはずです。

特にお笑いは難しい。人間の天使と悪魔の部分に訴える重大な仕事です。

テレビの場合、何百万人、何千万人が観るメディアです。その影響力たるや、人間の尊厳を犯すことは、決して許されません。

娯楽作品は、社会や時代の情況に肉薄すればするほど迫力を増します。

「本当のこと言うと世界が凍ってしまう」と吉本隆明氏は言いました。

マスメディアで放送できることは、すべての事実の中で、実はほんの少ししかありません。

ネットは、時として悪魔の部分が露出しますが。

報道以外の番組は、すべて演出です。

報道番組は本当のことを映さなくてはなりません。

ドキュメンタリーは、一定の了解のもとで撮影された現実。

しかしバラエティーは作品、あくまで作り物です。

本来、「この番組はフィクションです」という種類の番組です。

ヤラセと演出とは違います。

ヤラセは制作者の意図へ誘導するための捏造、デマゴギー。

仕掛け、仕込み、演出。それはヤラセではありません。バラエティーの本質であり生命線です。

「浅ヤン」はドキュメントバラエティーの走りと言われましたが、内容はほとんど仕掛けであり演出でした。

どこまでが本当で、どこまでが演出なのかわからない。極言すれば、それがバラエティーです。「シャボン玉ホリデー」「夢であいましょう」「モンティ・パイソン」まで遡る、バラエティーの王道の方法です。

浅ヤンでは、局Pの私が、最後までダマされていた企画がいくつかあります。

報道・ドキュメントとバラエティーは、対極にあります。

作り込まない流れまかせの番組を、バラエティーとは呼びません。

主観や演出まみれの番組を、報道番組とは呼びません。

最近の人気番組、ユルい「モヤさま」やガチな「YOUは何しに日本へ?」「ローカル路線バス乗り継ぎの旅」など、「ユルい」「ガチな」番組は、楽そうに見えて実は大変です。

普通の番組は、決められた一つのケースで作っていけば出来上ります。それでもたいへんなのですが、ましてガチンコ番組の場合は、一定の仕込みをした上で、考えられるあらゆるケースを想定したスタンバイをしなければなりません。そこには本当にユルくガチになるような、いくつもの不確定な仕込みを行う、高度の演出が要求されます。その上ではじめて想定外の面白さが生きてきます。

本当に成り行きで作っていたら、あれほど面白くはなりません。


近年、コンプライアンスが声高に叫ばれます。

コンプライアンスの厳しい時代だからチャレンジができない、という話がよく出ます。が、コンプライアンスは昔からありました。今に始まったことではありません。

コンプライアンスは当たり前、昔から遵法、法順守は当たり前のこと。

リスク管理やガバナンスをチャレンジ回避の言い訳にしないように、
新しいＴＶの可能性にトライしてほしいと思います。

浅ヤン事件簿

浅ヤンは、様々な話題企画を放送しました。

ファッション地獄クイズ、お洋服水戸黄門、中華料理戦争、お料理湾岸戦争、ロールスロイス対決、整形シンデレラ、水中息止めグランブルー対決、手話クイズ、ヒッピーはヤッピーになれるのか、etc.。

パリー木下ほか異才キャラの発掘や、浅ヤン古着マーケットや雑誌『asayan』など、番組マーチャンの先鋒に。

パンドラの函を開けたような企画もありました。

その中には問題が起きたり、物議を醸す企画がいくつもありました。

中華料理戦争では前述のように、敗れた周富徳さん金萬福さんが中華鍋のソリでゲレンデや水上を滑り、中華料理人の組合からお叱りを受けました。

湾岸戦争の折には、インド人のパキーラやミャンマーの料理人らの、お料理多国籍軍も参戦し、湾岸戦争を皮肉りました。

いつもアタッシュケースで4千万円を持ち歩き、何度も持ち逃げされている現金商売の城南電機宮路社長。整形シンデレラの石井院長と自慢のロールスロイスで競争する対決では、破れた宮路社長の愛車が、一番嫌いな黄緑に塗られるという勝負もありました。

宮路社長は、日本中がコメ不足に陥った1993年、みんながタイ米ばかりで気の毒だと、義侠心から店頭でコメを販売し、食糧管理法の無許可販売の行政指導を受けました。

水中グランブルー対決(息止め大会)で、エンゾー清水圭の3分15秒の記録を破る4分15秒の大記録を達成した江頭2:50。実は4分過ぎても上がってこないので、イザという場合を心配して配置しておいた大学水泳部のレスキューが飛び込み、引き上げると白目をむいていて現場騒然。

浅草キッドやナイナイ、清水ミッちゃんたちが「エガちゃんそこまでやるなんて」と泣いている横で、清水圭は反則だと怒り、テリーさんと高須信行Dは腹をかかえて大笑いしていました。

この修羅場を経て、やがて浅ヤンはオーディションバラエティーのASAYANとなり、モー娘。やケミストリーらを輩出します。

これらのエピソードのいくつかは、『テレビ東京50年史』にも記録されています。

整形シンデレラシリーズでは、整形後の女性が整形前の自分と会話し、「きれいになったね、おめでとう」と言われて泣く、という「トータル・リコール」風企画もありました。

それまで整形を取り上げることがタブー視されていた時代、賛否両論が寄せられましたが、その後、「ビューティー・コロシアム」など他局の人気番組が次々と生まれました。

マイノリティーやLGBTの人々の企画も、ファッションバラエティーという枠組みでしばしば実施しました。

「手話クイズ」では、ある新聞の記者コラムで、障碍者がバラエティーに参加することの意義を評価された一方、「しかし障碍者が現金を奪い合うのはいかがなものか」という心ない一文で、企画打ち切りになりました。

「ヒッピーはヤッピーになれるのか」企画は、バブル崩壊後、日雇い仕事が激減し、野宿者が街にあふれた時代、ホームレスの人々の服をコーディネイトする企画でした。コーナー司会の清水圭、VANの伝説的アイビー第一人者・くろすとしゆきさんが現地に赴き、献身的に取り組んでくれました。清水圭さんは著書『やがてテレビに出るキミたちへ!』(ぶんか社)にこう書いています。

「着替え終わったオッチャンに聞いてみると、みんな嬉しそうだ。(中略)このロケはいつも凄いインパクトがあった。まず他の番組ではヒッピーをまともに画面に出すことはないであろう。それが風呂、散髪、スーツによってこんなにも変わるのであろうかという驚き。その後になんとなく、ヒッピーのオッチャンの人生が見えてきて、大変なロケやったけど、俺は楽しかった」

このヒッピーヤッピー企画は釜ヶ崎の支援団体の抗議を受け、大阪へ数回にわたり足を運び、確認集会に出席しました。釜ヶ崎の公会堂に100名以上の人が集まり、怒号が飛び交う集会でした。差別を受ける側が差別だと感じたら差別であるとして、次のような長文の「お詫び」を放送しました。「この夏放送した『ヒッピーはヤッピーになれるのか』企画について、多くのご意見や批判が寄せられました。大阪釜ヶ崎の労働者の皆さんからは、『野宿をせざるをえない労働者に対する差別に基づいた笑いの企画である』とのご指摘を受けました。番組制作者はその事実を認め、ここにお詫びいたします。（以下略）」。横ロールでは書き切れず、縦ロールに横書きのロールテロップを流してナレーターが読み上げました。

最後にオブザーバーの釜日労（釜ヶ崎日雇労働組合）の委員長から、「いい番組を作って下さい」と言われ帰京しました。たびたび経過報告に上がった社長室へ出向き、進退伺を出しました。当時の杉野直道社長は「オレが預かっておく」と言われ、そのまま定年まで預かっていただいたままでした。

浅ヤンのテリーさん、井口、泉、原田Pは、これらの問題に真剣に取り組んでくれました。これらの企画に最終的にGOを出したのは、プロデューサーで責任者の私です。すべてのみなさんには心からの感謝とお詫びを申し上げたいと思います。

現役P対談

最後に「モヤモヤさまぁ〜ず」など、現在のTXを代表する番組を作っている、現役の伊藤隆行Pにも話を聞きました。

彼は「やりすぎコージー」や、「開局50周年記念特番」などのエッジな番組作りで、数々のヒットを飛ばしています。50周年特番は、「TXの好調ぶりが話題になっている。伝統的な低予算で身に着けた企画力が花開いており、人気タレント頼みでワンパターン化する他局とは一線を画している。尊敬しながら見た」（日刊スポーツ「梅ちゃんねる」）と、各方面から絶賛されました。

新旧伊藤P対談です。伊藤隆行（新）、伊藤成人（旧）

モヤモヤの起源

旧　モヤさまってどういう感じで立ち上げたの？

新　正月に皆さんが見てる、箱根駅伝の復路の裏がたまたま空いて、じゃあなんかやってみよう、と。

旧 深夜じゃなかったんだね。何年前？

新 もう10年前です。箱根駅伝の裏の時間帯というと、言葉は悪いんですけど死に枠という……。

旧 そうだね（笑）。

新 何やっても（視聴率を）取れないというのがあったんで（笑）、ちょっと開き直ってみようという発想で。さまぁ～ずが町をぶらぶら歩くっていうことは、企画としてもともと考えてはいたんですが、いわゆる熱海だとか吉祥寺とか人気の町を歩いても、番組としては面白いのかどうなのか？　じゃあテレビがほとんど行かない町、つまりモヤモヤした町を芸人さんがいじって遊ぼうというところでやってみました。

僕が企画の発案をしたとき、別の番組「ドリームハウス」のＡＤさんから話を聞いたんです。お酒がすごい好きな女の子で、２日間休みを取った時に、どういうふうに過ごしたのって訊いたら、「ものすごく楽しかったです」。お酒がすごく好きなんで、呑み歩いたらしいんですね。友達の女の子と二人で、中野駅から呑んで、当時高円寺か阿佐ヶ谷あたりに住んでたんですけど、終電に乗れなくて、じゃあ歩いて家に帰ろうと。で、じゃあ道すがら、酒場放浪記じゃないですけど、一軒寄っては一杯、一軒寄っては一品と一杯、知らない町を歩いて知らない店へ行った。明け方に5、6軒回って家にたどり着いて、すごく楽しかった。だから伊藤さんこんど一緒に行きましょう、と言っていて、俺は行きたくないなと思ったんですけど（笑）。

ただ、じゃあ自分が住んでる隣町の駅に何か目的を持って降りたことがいままであったかっていうと、ほとんどないなと。

旧 そうだね。

新 意外と自分が住んでる町の隣っていうのは、知らない。それでじゃあ、さまぁ〜ずが行く町も、一生行くことがないような町に、実は行ったら面白いんじゃないかっていう発想になって、それで、モヤモヤ。

旧 ああ、なるほど。

新 やってみて、それが非常に数字(視聴率)を取ったんですね、想像以上に。

旧 それでレギュラーになったんだ。

新 はい、深夜でやってみようということになって、3年ぐらいレギュラーをやって、最初は北新宿、北池袋とか北がつく街を行ったりして。

旧 そうだね、本(伊藤隆行著『伊藤Pのモヤモヤ仕事術』集英社新書)に書いてあったものね。

新 はい、なんかズラした場所ですね。誰も行ったことがない場所を目指して歩いて行った。その目線がおそらく視聴者の方も、珍しく映ったのかなと思います。

熱いテレ東プロデューサー像

旧 伊藤隆行プロデューサーの番組って、だいたいそのズラしたとか、わりとエッジなのが多いよね。

新　そうですね(笑)。僕は1995年にテレビ東京に入社した時に、テレビ局を目指してる学生ではなかったので、なんか面白そうだから受けてみたっていうのがあって、なにか経済ニュースをやっている局で、僕が見る番組っていうと、浅草橋ヤング洋品店とギルガメッシュないとの印象しかなかったんですよ。

旧　ありがたいね。

新　小さい時や、中学生とか小学校の時は、ヤンヤンみたいなのやってるなって記憶はあるんですけど、入社した時は浅草橋ヤング洋品店のエッジの効いた形が印象に強くて、当時のテレビはめちゃくちゃだっていうものの代名詞で。深夜もギルガメの印象は非常に強くて、思春期の時にすごくあのコソコソ見るのは、ほんとに地でやっていたので、そこに入ったというのが僕の入社した時のイメージだったんですよ。で、編成に入ったんで、成人さんもいらしてて。

旧　そうだよね、最初編成だったよね。浅ヤンもちょっと担当してくれてたことがあったんじゃなかったっけ。

新　ええ、浅ヤンも担当させてもらった時はありました。テリーさんの「ミニスカポリス」とかもやってたり、なんかパンチの効いた企画で、ワー面白いなっていうのが、僕のテレビ東京のバラエティーの印象なんですね。

旧　あの頃、編成もずいぶん勇気があったものね。

新　ええ、まだいわゆるコンプライアンスみたいな意識は特にそんなになく、ま、常識的なところはあるにしても。ただやっぱり成人さんとかも非常に闘ってた印象はあるんですよね。ちょっと大きい声出して、ね(笑)。まあケンカじゃないんですけど、ちゃんとモメるとこはモメるっていう会社だなっていうのは、僕は思いましたね。

だから僕も新入社員の若い時は、成人さんはじめ演歌のプロデューサー、斧さんとか、色んなキャラクターの人がいらっしゃったんですけど、(佐藤)哲也さんもいましたし、キャラクターが濃いなあっていうのを感じました。こうやって熱くやってるんだな、面白くなきゃ意味ないだろうとか、何が悪いんだっていうのがすごくあって、テレビ東京のプロデューサー像は、エッジが効いてるなと。

旧 エッジ利かすのはいいけど、いろいろ問題も起こるし、叱られるよね。

新 それはありましたけどね(笑)。

自分で見たい番組を作る

新 ただ、入社して2、3年、浅草橋ヤング洋品店がASAYANとなり、モー娘。のシリーズが始まり、やがて終わっていくじゃないですか、で、BINGOスターみたいなのもやりましたねえ。

旧 早過ぎた番組ね(笑)。

新 でもフト浅ヤンが終わったあとぐらいですかね、やっぱり、今のあるバラエティーをやるとそんなに上手くいかないっていう印象も出始めまして。

旧 今のあるっていうのは？

新 なんとなく今っぽいバラエティー、当時のフジテレビじゃないですけど、若者に向けたものを、ストレートにダンとやると、最初うまくいかない。

旧 難しいんだよね。

新 ああ、テレビ東京という放送局は、若者向けにこうしようと言っても、なかなかうまく見てくれるものではないのかなと。フト考えた時に、5年後10年後、僕は「いい旅・夢気分」や演歌の番組を見るようになるんだろうか、という疑問を持ちはじめて、やっぱり僕が自分で見たい、ないしは自分の同世代が見たい番組を作らなきゃいけないんだろうなあ、と思い始めたんですね。

旧 なるほど。

新 その時にテレビ東京の中でいうと、やっぱり浅ヤンだったり、深夜でいうエッチな番組だったりする。ので、僕が最初にやったのは、「人妻温泉」という、芸人さんの中川家でやったお色気番組ですよね。

旧 ああ、あったね。

新 で、最初に深夜でも、少なくとも自分の世代が見るものを、つまり過去に見て面白いと思った匂いがあるものを、模倣しよう真似しようと思ってましたね。当然それは急にゴールデンっていう道筋じゃないんですけれども、人妻温泉というのも非常にエッジの効いたタイトルで(笑)、くだらない番組ではありましたけれども、なんかそこだけでやっていく、この一点で突破していくみたいなバラエティーの切っ先で、そこは真似していきましたね。

旧 ああ、濱谷晃一も本書いてるね、『一点突破の発想術』。

新 ええ。

旧 みんなやっぱり同じようなことを考えるんだな。でも、それは当然なんだよね。ある種の条件がここはあって、そこの中で闘っていくということだから、そこで勝ち取る哲学もだいたいみんな一緒になって、そのDNAが伝わっていくから。

バラエティーの裏の意味

新 僕はやっぱり浅ヤンかな。どうやったらこの発想出て来るのかな、というのがいくつもこの局にはあるじゃないですか。

旧 エッジっていうのもいろんな種類があるけど、浅ヤンはね結局、社会ネタをやるっていうことを、ちょっと僕らは考えたんだよね。

新 あの「ヒッピーをヤッピーに」する企画、いろんな問題もありましたけど、非常におもしろいじゃないですか。

旧 うーんあれは、長いお詫びを出して謝罪したんだけど、本質的に今でもひとつのテーマにはなるね。

新　社会ネタをやろうっていうのは、どういう視点で？

旧　君と同じく報道志望で入ったからね。ドキュメンタリーが多い局で、田原さんたちがすごくアクチュアルなのをやっていたけれども、バラエティーや演出というのもやっぱり本質的にはジャーナリズムじゃないといけない。というよりも、エッジなことをやると、人間にある天使と悪魔の部分の両方に訴えるじゃないか。

新　はい。

旧　そうすると作り手は、報道よりもジャーナリストでないと危険かなと思ってね。僕は伊藤隆行Pはジャーナリストじゃないかと思ってる。

新　いやいや。でもたしかに、裏に意味があるべきだと思ってるところはあって。モヤさまも、さまぁ～ずに説明をした時に、自分の実家とか、父親の実家が木更津にあるんですが、シャッター商店街が非常に増えた時期でもあって、大型のモールや大きいスーパーマーケットができて地元の魚屋さんがなくなっていったりという現象が、都内でも多く見受けられた時で、そういうところに行って、元気に笑ってもらおう、というのは言った気がします。

旧　うーん、なるほど。

新　そういう真面目な裏の意味あるんですよって言いながら、笑いでくるんでほしい、と。だから最初に、もう80過ぎた電器屋さんのおばあちゃんのとこに行って、おばあちゃんイジッて遊んでるんですけど、やがてその翌年にもう一回訪れた時に、やっぱりついつい寄りたくなって、ちょっと触れ合ったりして、その後亡くなられた。笑いながら歩いてる番組でも、ちょっとウルっとする瞬間があったり、一緒にこう歳をとっていくんだな、街が変わってゆく様子が出てきたりするので、やっぱり裏の意味はあるなあと思ってやってはいるんです。

旧 見てるとそれ感じるよね。

新 少し優しさを帯びてる感じが……(笑)。

旧 愛とか、今の状況とが垣間見えるものね。ほんとはそういうの意図して作ると面白くないんだろうけど、意図せざるところからね。ちゃんとプロデューサーの哲学が入ってるなって気がするんだね。

新 もったいないです(笑)。

テレビは文化度に影響する　テレビの危機

新 あとは、やっぱり若い人たちが見て、あれ面白かったね、来週も見よう、と思わせるバラエティーを今のテレビ局が作っていかなきゃいけないと思っていて。ネットやスマホの時代でも、テレビマンはちゃんと印象に残る企画を作って。硬いこと言うようなんですけど、それを観た子供たちにしても、やっぱり番組の影響力ってあるじゃないですか。日本人の文化度に影響してくるんじゃないかなと思います。

ネタ番組をやった時も、フジテレビさんは1分でショートネタってやりましたけど、芸人さんと話してるとやっぱり本来、5分やりたいんだっていう人が多い。単純な話なんですけど、5分のネタを作る労力と、それを見て、フリからオチまでをちゃんと見る力っていうのも、実は見る方のチカラというか、文化度に影響する。ああすごいなこれは、と思うものをテレビの人はこだわって作っていかないと、テレビからだんだん離れてゆく。だからちょっと時代とは逆の流れをテレビマンが目指して企画を作って行ったほうが、流行りに乗っかって数字の主義になっていった時に、ちょっと真逆にあるものを見ていたほうが、テレビらしいんじゃないのかなと思ったりはしています。

旧 それはすごい。

新 会社の中では、浮いたりはしますけどね(笑)。またへんなこと言ってるなってなると思うんですけど。

旧 文化度だね、伊藤Pの本にも載っていたけれど。たしかに今ほんとにテレビがつまらないとか、大人が見るものがないとか言われて、芸人さんがVTR見たリアクションばっかりの番組が多いという中でね。

新 そうですねえ。

旧 やっぱり作ってかないといけない。ちょっと心配なのはここんとこテレビ東京もあれが多いじゃない、

新　衝撃映像。

旧　そう。それから投稿モノ。どこの局もそうだけど。

新　外国人モノもですね。

旧　これ取れちゃうからね。

新　衝撃映像は時代の産物ですけど、全局の編成の人に言いたいですが、これを連日、ないしは同日に2局でやってるってことがままあるじゃないですか、これをほんとになんとかやめないと、やっぱりまたやってるよっていうふうにはなって、どんどん食いつぶしていっちゃうと思うんです。

旧　みんなでね。

新　思い切ってやめる勇気を持って、そのかわり血眼になって企画を考えに行くっていう局に、テレビ東京はやっぱりあったほうがいいと思うんですけどね。

旧　うんうん、いやよかった、その話を聞きたかったんだな。今ほんとにね、ちょっと心配な状況だし。

新　そうですね、やっぱり社会性ってありましたから、外国の人がたくさん入ってきたから「YOUは何しに日本へ?」はそれをしっかり企画にしました。逆に言うと、もともとテレビ東京は、世界にいる日本人を特集するというのを「日曜ビッグ」でやってましたから、それを「世界ナゼそこに日本人」にした。日本人と外国人というカテゴリーのもので「世界から来た応援団」。

3番組あるんですよ。まあ似たようなっていうとなんですけど。あとは「ローカル路線バスの旅」の一筆書き路線に近い、「家、ついて行ってイイですか?」みたいなものをやったりして。ここは、らしさではあるんですけど、やっぱりちょっとテイストが似かよってきてる。

旧 ある種のものばっかりだなあ。

新 ええ、まあ数字が取れるという部分は確かにあると思いますが。

旧 編成的には目先の数字は取りたいだろうからねえ。

新 ただそこばっかりやってると、3年後5年後考えた時、視聴者がモヤさまと同時に番組と一緒に歳をとってくるとすると、次をちゃんと支えてくれる視聴者に向かって番組をやってるかというと、ハタと。番組をやり尽くしてしまって終わった時に、急に始めても厳しいなあと思う。

旧 うんうん。

新 編成にはぜひ将来の戦略を。ちょうど2020年オリンピックがあるんで、そこに向かって若い人が頑張ってるなかで、いまどういうふうに2020年に向かっていこうかと考える良いキッカケだと思うんです。

旧 そうだね、作っていかないと財産にならないから。

新 録画してもらえるようなもの、毎週見たいっていうものを考えたい。クセになるということでいうと、やっぱり10%を取るということよりは、コアな5%をまず作る。100人のうち5人

新旧伊藤P

がもう喰い入るように好き、もう大好きっていうものは、万人受けするものを作っているとそういう人は一人も現れない。

旧　うん、そうだね。

新　つまりエッジの効いたことをやるときに、メジャーは取れなくてもマイノリティーは取れるという「切っ先」でそこにズドンと刺しにいった時に、そこからどれぐらい広がりのある企画にするかというのを考える勇気がないと、最初は視聴率が悪いんですよ、やっぱり。

旧　最初は取れないよねえ。
だけど、今みんな地上波から離れてると言いながら、日曜日はやっぱりモヤさまを見るし、火曜日は鑑定団を見るし、YOUは見るし、というのはいくつかあるよね。
キミが本に書いてた「総合力」というか「全体力」、その力がないと局の力が出ないという意味で言うと、今まだTXにはそういうのがいくつかある。他の局の中にはそれがなくなってきちゃったところもある。

新　そうですね、右行ったら全部右行っちゃったり。

近頃テレ東の評判が良い、が、落とし穴が

旧　いまテレビ東京って、外に出てみると異常に評判がいいんだよね。なんか恐ろしいぐらいに。中の方はね、さっき話したような心配なとこはあるけど。

新　はい、そうですね。

旧　テレビ東京の、いまの評価の高さというか、いわば快進撃っていうのは、伊藤P的にはどういうことだと思ってますか？

新　僕は、うまく例えられてるかわかりませんが、うち以外はやっぱりプロ野球なんだと思うんですね。で、テレビ東京は高校野球をやってる。ずーっと最高に熱い試合をしてきた、クオリティー的にはもう最高の野球を作っていて、最近あの高校野球も面白いって皆さん気付いている。夏はやっぱり高校野球を観る。これ、プロ野球より面白れえぞっていう人が増えたように、プロ野球に飽きた人は、ほんとの野球をやってる、ほんとのテレビ、ほんとに面白い企画をやってるものに、ちょっと気付いてくれたんじゃないかなと。いまのテレビ東京が、あ、面白いなっていうのを、ようやく50年経って、見てる人の眼も肥えて。

旧　うんうん。

新　テレビ60年以上の歴史がありますけど、やっぱり人一人60歳になる一回転した世代のマーケットというか。

旧　なるほど。

新　その、ある程度のものを見てきた人たちが、ほんとに次に気付いた面白いテレビの一つにテレビ東京というのがあったのか。何が変わったわけじゃなくて、たぶん視聴者の人が気付いてくれたのかなという気がします。

旧　たしかに、きっとその通りだね。

新　僕が入社した時からずーっと面白かったですもん。やっぱりＴＶチャンピオンも面白かったですし、突出して浅ヤンとか、演歌もあったし、株式ニュースも。でもそれってどこかマイノリティーというか、テレ東ってさ、という、なんか蔑んだような見方だったんですけど、入社してからはなんとなくテレ東ってさ、ってなんか可愛らしい響きに変わってきて。で、最近で言うと、なんかテレ東スゲエな、っていうふうに若い学生なんかもなってる。

旧　なんかいま全然馬鹿にされなくなったよね。

新　そうですね。

旧　我々がいるときは、半分以上は馬鹿にされてた人生だったけど、いまどこ行っても全然評価が変わったね。

新　ですからここに浮かれちゃってるといけない。50周年終わった直後ぐらいから、社内でテレ東らしさとは、って明確に皆さんが言うようになったんですよ、偉い人が。

旧　うんうん。

新　その、テレ東らしい企画を出せって、いうのを社員が言うようになったなというのが、僕の体感で言うと変化なんですよ。つまり意識してるんですね。

旧　ちょっとなんか危うぃな。

新　ええ、テレ東らしさとかっていうのは、言ってもらう言葉であって、つまり気付いてもらった視聴者やスポンサーの人が評価として言うことであって、社員は意識は持っていいんですけど、意識しすぎると失敗するなって思うので。先ほど言った似かよってきてるよねっていうテイストが、僕はテレビ東京らしさに少し溺れてる気がしますね。

旧　そういう認識は大事なことだよね。たしかに「らしさ」を標榜し出すと、自分の成功例をなぞるみたいなことになると、ちょっとピンチだね、うーん。

恐い先輩から受け継いだ、ハングリーなDNA

新　失礼ながらですけど、なんか僕、成人さんは壊し屋っていう印象があったんですよね(笑)。

旧　それ、退職のお別れパーティーの時に、みんながそういうコメントを言ってたもんだから、うちの家族が、そんなにひどかったの？　って。

新　あははは(大笑)、ひどいなんてもんじゃないですよね。

旧　アハハ。

新　この会社、テレビ東京のすごくいいところは……最初恐いんですよやっぱり、先輩方が。壊し屋だったり、こだわりがあったり。若くしてペーペーで入っていった時の、その時の関係値とか、編成としての関係値とかっていう部分でやっぱり緊張感あったんです。

旧　たしかに、我々もそうだったけどね。

新　で、徐々にですね、やっぱりちゃんと若い人のいいところも認めてくれる。おお伊藤、面白いなって、企画を通してくれるようになったり、観たよと言って、ちゃんと観た感想をくれたり。なにか若い人を認めてくれる先輩が非常に多い会社だなと思っていて、それはほんと真似しなきゃと思ってますね。

旧　そう、ひと旗組が最初は入ってきて我々の上司だったから、荒くれ者が多かったけど、ついそれに学んでしまって、ま、すぐ喧嘩っ早くなってしまって。

新　ハハハハ(笑)、壊し屋、喧嘩っ早い(笑)。

旧　ちゃんとストラクチュアもしなくちゃいけないんだけどね。

新　でもやっぱり良き見本となって、エッジの効いた先輩が多いし、そういうぶっ壊すような企画やっている人もいるし、社内で大声でけんかしている人もいる。と言って、やさしいというか次の世代をちゃんと認めてゆくっていうところが、それがテレビ東京ですね。

旧　そうだね。

新　小さい会社ですけど、それが強みだなあっていうふうに思いますね。

旧　それをちゃんとＤＮＡとして伝えてくれてる。特に、何か企画を出そうっていう意欲がすごいのも感じられるし、伊藤Ｐはその代表格。

新　いやあ、今の若手もほんとハングリーで、なんとか自分の企画を通したいって言って。

旧　今でもハングリーでやってる？

新　やっぱり近い先輩たちもどんどん自分の企画を実現していくのが羨ましい、良き競争が生まれてる。意識をし合って、馴れ合った友達関係というよりは、ちゃんと仲間で、なんか競い合ってるなあという感じがすごくします。

旧　そうだね、企画の良し悪しに、上も下も関係ないからね、まだ捨てたもんじゃないな。新社屋のこの立派なビルに入って、で、衝撃映像が多いっていう心配ばっかりしてきたんでね。

新　アハハ。これからはその若い人たちがやりたいっていう企画をどれぐらい守りながら許容していくか。戦術としては、とにかくチャレンジをし続けるということ。ないものをやろうねっていうところがずっとこの局にはある。元の話に戻りますけど、ないものやらないと勝てなかったっていう局だということですからね。

旧　そう。

新　予算も少ないし、視聴率持ってるタレントさんに出てくださいと言っても出てくれるわけでもない。スタッフを何人も集められたら色んな脳ミソを集められますけど、なかなかそうもいかない。セットも安い、が、負けてたまるかという意識はあるんですけど、やっぱり予算半分以下。最近のテレビ東京面白いよね、って言われていても、つまらないとドーンと転んだり、なんか真似したなと思われると、ほんとに2％や3％が出ちゃう。

旧　そうなんだな。

新　模倣すると観てくれない局なので、世の中にないからテレ東が先にやって、イチかバチかで勝負して、当たるかハズれるかみたいな(笑)。そういう方がなんとなくこの会社の印象に合ってる。

六本木三丁目新本社

旧　そうだね。そのほうが面白いしね。

自虐路線から、次は勝ちに行く

新　開局当初から比べれば、ある程度ちゃんとしてきた、テレビ局としていっぱしになってきたと評価をされるなら、やっぱり僕はちょっと勝ちにこだわったほうがいいのかなと思って、50周年からの次の10年、60年にさしかかる時は、今度は認めてもらってちゃんと勝ちましょうと。

くやしかったから。

旧 ハハハ(笑)。

新 テレビ東京の遺伝子をしっかり引き継いで、ないもの新しいものにちゃんとチャレンジして。そうじゃないとヒット番組がきっと生まれないと思うので。

旧 そうだろうね。

新 だから、よく内容変わるなあという感じで7%8%取って、無難な局になったなと思われるのは、逆に早いと思うんですね。

旧 うんうん。

新 テレビ東京の手法を使って、今度は勝ちに行く。だから衝撃映像ばっかりやらないでとか、僕は結構言ってますし、またこんなやつやるの？っていう残念感ですかね。

旧 そういうのを中で言えるのがいいとこだよね。よく伊藤Pの「自虐路線」というのがさ(笑)、言われてたけど。

新 (笑) まあ、怒られましたよね。

旧 そういう前向きな視点がなければ、自虐路線っていうのは自分でやらないもんね。

新 自虐路線の究極は「50周年特番」の時で、結構社内の諸先輩に、営業の先輩とかには、いやもう、そんな苦労したテレビ東京の先輩たちにそんな自虐で馬鹿にしてるのかって、ほんとに何人か怒られたことがあるんですね。

旧　そうなの？（笑）　でもあれ日刊スポーツの梅田記者が、すごく書いてくれたじゃないか。

新　書いてくれましたね。

註：2014年4月に放送した開局50周年特番について、「50周年特番を尊敬しながら見た。オープニングの『テレ東基礎知識』から自虐路線。（中略）他局なら黙殺しそうな黒歴史をあえてネタにし、よくここまで頑張ったと、しみじみ50周年を祝える内容だった」。「（前日放送のフジテレビ55周年特番の）『一流感』や『偉い人』を企業イメージとして推してくるフジより、自虐ネタで攻めていたテレ東に1票入れたくなる」（日刊スポーツ「梅ちゃんねる」）。梅田恵子記者は、浅ヤンスタート時のテーマ曲「君にマニョマニョ」がヒット、の記事を書いて浅ヤンを最初に世に紹介してくれた。

新　ちょっと面白おかしくテレビ東京をいじって、多少、多少じゃなくてもテレ東アホだな、馬鹿だなってたけしさんが言って、みんなテレ東はもうバカだと、面白い、面白いなコノヤローって言って、いじり倒して終わったのが50周年特番で。

旧　面白かったな、あれ（笑）。あれはここんとこ何年かの番組の中で最高の番組だね。

新　成人さんも現場来ていただいてね。それに僕はあの時にアーカイブを、過去の映像を探したり見たりというのを若い30代以下のスタッフに任せて、いちばん効果的だったのは聞き込みだったんですね。成人さんにも聞きに行ったり、過去を知ってる先輩たちにくまなく聞いて取材をした。なんか面白いのないですか、ってね。

旧 来た来た、そうだね。

新 失敗したとか、印象に残るとか、すごいとか。だからあれは若い人たちがそれを上手く編集作業して、いいとこを取ったという形なんですけど、やっぱりそれを出元として教えてくれた先輩たちの気持ちで作ってる。それを、当時を知ってるたけしさんとか所さんとか、鶴瓶師匠が来て、最高のイジリをしてくれるっていうのが痛快だったので。

旧 あれは他の局とは全然違う、彼らの出かただったね。ここに来るときは全然違うことで来ようっていう。

新 (笑) ハハハ、テレビ東京だからって。

旧 それでまた余計に力をくれるわけで。

新 だから、ぶっ壊し屋の浅ヤンのテリー伊藤をやっつけろ、というコーナーを作りましてね(笑)。やっぱり自分の印象に残った番組を、実際いま放送できないシーンが多かったですけど、なんとしてもコーナーにしたかったので。

旧 いやいやありがたいよね。

新 あのとき成人さんこうスタジオで笑って見てたのが、でソデ行って声かけてくれたのがほんとにありがたかったですね。スタジオあったかかったですよね、空気が、お客さんも。

旧　そうだね。
新　僕あの、手紙を1つ持ってるんですけど、その特番を見て……。
（手紙を取出して）このMさんてご存知ですか？　報道にいらっしゃった方かな？
旧　ああMさん、そうそう、大先輩。すごく堅くて真面目な人だよ。
新　これね、どなたにも見せたことないんですけどね。これが届いてですね、会社に。
わあ、これ僕やってよかったなって思って、ちょっと泣きそうになった手紙なんですけど。ちょっと抜粋して言うとですね、一応読みますね。
旧　はい。
新　「久しぶりにテレビ東京（科学技術振興財団）、開局当時のことを思い出させていただきました。朝日新聞の記事に貴殿の紹介記事が掲載されているのを読んだ時です。毎年11月の第三木曜日には東京會舘でいまのテレビ東京に接することができます」
旧　社友会だね。
新　僕そこにちょっと行ってたんで、「あなたの言われた『正直になる勇気』は、古いテレビ東京の原点だと私は感じました。テレビ後発局として番外地と言われる環境の中で、多くの社員は可能性を求めて働きました。新橋のガード下でトリスを飲みながら、早くダルマが飲みたいな、が息抜きの時の合言葉でした。これからテレビ東京の番組を観るときの姿勢が変わるでしょう」と。

これは要は、テレビ東京を少しイジッて、自虐でやったというのを、「正直になる勇気」と重ね合わせてるんですけど、

旧　正直になる勇気、ね。

新　こう言ってもらって、勇気づけられまして。

旧　そう、大先輩だからね。

新　その自虐(笑)の時にですね、大先輩の方にこう言っていただいて、やってよかったなあと。

旧　ほんとに素晴らしい番組だった。浅ヤンも、いまコンプライアンスがあるからできないっていうけど、コンプライアンスって昔からあったものね。

新　ありました。

旧　違法なことは絶対できないわけだからね。

新　訴えに出られるとか、クレームが入るってありましたからね、キチッと対処はしてきた。

旧　うーん、だから問題が起きたらピュアーにそれに対処するってだけが一番必要なことだなと思うんだね。いろいろと苦労はしてるだろうけども。そのたびにちゃんとピュアに対応してる。

新　ハイ。

旧　浅ヤンも他も、プロデューサーがそれやってみようと言った責任があるから、責任はね、最後まで負うっていうこと。

新　でもこうしないと面白くないっていうことが、やっぱりちょっと過剰になってしまうというの

は、これは今でもある。テレビの画面の中に日常的に映ってるものだけでは、見てくれないわけじゃないですか。つまりテレビの中に非日常が映ってないと。

旧　視聴者をいかにビックリさせるかって、書いてたね。

新　非日常を作り出す時の、普通ではあってはいけないっていうのはありますね。

旧　特に演出番組はね。

新　しかもテレビ東京では見てくれないんだったらって言って、そのバイブルが浅ヤンです。ぶっ壊し屋、成人さん(笑)。

旧　お恥ずかしい。テレビ局は化け物屋敷だな……じゃ、そろそろ終わりにしようか。長時間ありがとう。

［2016年11月　TX・六本木三丁目新本社(移転直後)にて］

テレビ局は就活の人気業種です。競争率も高い。

そのなかにあってTXは、以前は給与水準も低く人気薄でした。

しかし業績の向上とともに人気企業の仲間入りを果たし、たくさんの若者がエントリーしてくるようになりました。大手企業と横並びで就職戦線を勝ち抜いた優秀な人材が合格し、その分、テレビのモノ作りを志望しない新入社員も増えました。

テレビ局は職種のデパートといわれるほど多くの部署があります。

適材適所はもちろん大事、しかしＴＶの財産はコンテンツです。クリエイティブマインドを喪失して、テクノクラートばかりになっては危険です。


ＴＸの強みは、ひとつの思想の集合体である、といえます。

社員だけでなく、制作会社やプロダクション、果てはスポンサー、視聴者まで、関係する人みんなが同じ思想のもとに連帯する、稀有な世界です。

「お金はないけど、志ある番組作り」。

他がやらないことをやろう、というワンボイス。

作れる喜びが大きいから、お金がないことに文句を言う人はあまりいません。

ないものはないから、明け透けで風通しがいい。

ＴＸはいつもピンチ、それをチャンスに変えてきました。

エッジでチャレンジャブルな持ち味を失うな。

メジャー志向に気をつけて、ラジカルであれ。

愛するＴＸへ贈るエールです。

おわりに

ハンデが個性を生む、ゆえにチャンスが生まれる

テレビ東京は小さい
ほかと同じことはできない
それがテレビ東京の武器

小さいから、先行するしかない（中略）
テレビに　もはや未踏峰はないから
自分で山を作って登る
ラジカルな、急進的かつ根源的な方法

小さいから
相対的に一人の責任は重い

機会（チャンス）はある

1994年の入社案内に書かせてもらった言葉です。

TXの若い制作人は、企画をものすごく出します。

それにはこんな理由がありました。

濱谷晃一著書にこういう一節があります。

「僕の先輩で、現在は『ゴッドタン』の演出もしている佐久間宣行Pは入社3年目で『ナミダメ』という深夜番組の企画が通り、通常業務はADなのに、自分の番組ではプロデューサーに抜擢されました。普段はADバッグを肩から掛けている先輩が、夕方に颯爽とジャケットを羽織って、『じゃあ、俺、MC打ち合わせに行ってくるから』と出かける姿は、まるでお城の舞踏会に出席するシンデレラのようでした」

そして彼は、「企画が通ったら、こんなに出世できるんだ！」と若手社員の希望の星になりました。で、新入社員の濱谷は夜な夜な企画を書き、若くして「ドラマ24」のP・監督になり、本まで出すのです。

私も色々企画を出しますが、若手の企画の多さとユニークさには歯が立ちません。

TXでは、企画に年功序列はない、という彼らの言う通りなのです。

その佐久間宣行はその後「ピラメキーノ」を当て、やはり著書を出し、「人がいないからチャンスが回ってくる」と、章立てまでして書いています（講談社『できないことはやりません』）。

チャンスはある。ハンデがあっても、チャンスは自分で切り拓けます。

テレビ業界の話を書きました。が、それはきっとテレビ界に限りません。

金ない人ない力ない、ないない尽くしの神谷町メソッド、

しかしあるのはアイデアと志。

最近思うことは、このDNAは一時のことでもTXだけのことでもなく、色々な世界に通じる普遍的に有効な真理かもしれないということです。このセオリーをもってすれば、きっと成功が近寄ってきます。

低コスト少人数でできるスキームなので、失敗しても損害は少ない、失敗も恐くない。

キーワードは、

1 哲学　2 挑戦　3 勇気　4 覚悟　5 信頼　6 時代感覚　7 想像力。

ビジネスマンの方なら、ご自身の業界に置き換えてみてください。

この社会で困難や逆境に直面する場面、ビジネスにもプロジェクトにも、会社にも事業にも

ＮＰＯにも活用できると思います。

何かみなさんのヒントになれば幸いです。

そして最後に

基礎研究費が乏しい日本。大隅研究室では、顕微鏡で見るシャーレに小さなガラス板を並べてたくさんの検体を載せるなど、工面しながら研究を続けたそうです。そしてその「お金はないけど、心は豊かな研究室」からノーベル賞は生まれました。


太田哲夫Ｐは、こうも言っていました。

「人がいない、開局が遅い、お金がない、それはハンデだったんでしょうか？ハンデだと別段思ってないんです。逆にハンデの逆？　だと思ったんですね。要は、ないものの中だから、好きなことができちゃうという発想、好きなことを逆にやらせてもらえるということなんですね」

この精神、神谷町マインドから、神谷町ドリームは生まれ、今日に至りました。

TXは2016年11月7日、六本木三丁目に移転しました。

同じ日に、築地も豊洲に移転するはずでした。

新本社は、町や人の匂いのしない超近代的なビルの中。正直心配です。

新社屋スタジオお披露目の社友会で高橋雄一現社長と立ち話。

TXの評判がすこぶる良いという話に、「評判に乗っかってる社長、と書かないでくれよな(笑)」。

たしかにこれからの舵取りは難しい。評判の良さでは追われる立場。これはTXの最も苦手とする立場です。


苦闘の歴史は続きます。

しかし、逆境は創造の母。

WBSの新スタジオ放送初日、エンディングで大江アナは、「なにかテレビ東京じゃないみたいです」と、少し自戒をこめたニュアンスで言っていました。

「自分たちの成功例をなぞってはダメだ」と以前から言っていた高橋社長。

このDNAがあればこそ、この境遇をバネに、新しい「六本木三丁目メソッド」を作ってくれることでしょう。

どんな新しい六本木ドリームが生まれるか、
それを楽しみにいたしましょう。

あとがき

テレビが生まれて、たったの60余年。

私たちの作ってきたテレビは、果たして人々の幸せのために役立っているだろうか。あるいは昨今、反対の役目を果たしていないだろうか。メディアも政治も。

そんな思いを抱きながら書いてきました。


が、筆力が足りず、結局、番外地テレビ騒動記になってしまった気がします。

この拙(つたな)いテレビ私史の、ひとつでも何か皆様の記憶に留まることがあれば幸いです。


電波とともに消えてゆく映像を作ってきた輩(やから)が、後に残る文章を綴るということは、たいへんに難しいことでした。本書の出版にあたっては、ご協力をいただいたテレビ東京、BSジャパンの先輩・後輩の皆さんと担当の横田純平君をはじめ、貴重なアドバイスを頂戴した執筆の先輩、関秀章さん、合田道人さん、そしてこの企画に目を留めていただいた岩波書店の山本慎一さんに、心よりの感謝を申し上げます。

そして何よりも、読んでいただいたすべての皆様に、厚く厚く御礼を申し上げます。

協力：テレビ東京

※本書の記述は著者の見解であり、
テレビ東京の公式の見解ではありません。

伊藤成人主要作品歴

番組

1977～「ヤンヤン歌うスタジオ」(AD～D)
1980～「独占！　おとなの時間」(AD～D)
1982～「レッツGOアイドル」(D)
1983～「にっぽんの歌」(D)
1984～「夢のコドモニヨン王国」「面白アニメランド」「花の女子高　聖カトレア学園」(P)
1985～「演歌の花道」(D)
1986～「出会い街角エトランゼ」(D)
1989～「いい旅・夢気分」(D)
1990～「スーパーマリオクラブ(64マリオスタジアム)」(P)
1992～「浅草橋ヤング洋品店(ASAYAN)」(P)
1996～「JAPAN　COUNTDOWN」「ザ・BINGOスター」(P)
1997～「たけしの誰でもピカソ」(P)
2002～「ハマラジャ」(P)

2003〜「いい旅・夢気分」「土曜スペシャル」「レディス4」(CP)
2013〜「昭和は輝いていた(BSジャパン)」(P)

特番

1982〜「日本歌謡大賞」「メガロポリス歌謡祭」(事務局長)
1983〜「日曜ビッグスペシャル　全日本そっくり大賞、外国人歌謡大賞」他　(P)
1998〜「隅田川花火大会」(P)
2015〜「日本歌手協会　歌謡祭(BSジャパン)」(P)

映画　(共同P、製作委員会P)

2008「おろち」「火垂るの墓　実写版」「落語娘」
「明日への遺言」「西の魔女が死んだ」「ラブファイト」
2009「石内尋常高等小学校　花は散れども」「死刑台のエレベーター　特別版」
2010「アウトレイジ」
2012「アウトレイジ　ビヨンド」「おかえり、はやぶさ」

舞台　（製作委員会P）

2008〜11「北島三郎特別公演」

2008　ミュージカル「ドラキュラ伝説」「やりすぎ都市伝説　公演」

2010　ミュージカル「イカれた主婦」

2011　ミュージカル「ア・ソング・フォー・ユー」

参考文献

『テレビ東京30年史』 テレビ東京 1994
『テレビ東京史 20世紀のあゆみ』 テレビ東京 2000
『テレビ東京50年史』 テレビ東京 2014
『日本歌謡大賞の記録』 放送音楽プロデューサー連盟 1997
『東京12チャンネルの挑戦』 金子明雄 私家版 1999
『東京12チャンネル運動部の情熱』 布施鋼治 集英社 2012
『テレビ番外地 東京12チャンネルの奇跡』 石光勝 新潮新書 2008
『12チャンネル再建のために』 東京12チャンネル労組 1976
『やがてテレビに出るキミたちへ!』 清水圭 ぶんか社 1994
『伊藤Pのモヤモヤ仕事術』 伊藤隆行 集英社新書 2011
『できないことはやりません』 佐久間宣行 講談社 2014
『テレ東的、一点突破の発想術』 濱谷晃一 ワニブックスPLUS新書 2015
『TVディレクターの演出術』 高橋弘樹 ちくま新書 2013
『池上無双 テレビ東京報道の「下剋上」』 福田裕昭・テレビ東京選挙特番チーム 角川新書 2016
『たけしの誰でもピカソ THEアートバトル』 テレビ東京編 徳間書店 2001

伊藤成人

1974年，東京12チャンネル(日本科学技術振興財団テレビ事業本部)入社．テレビ東京制作局次長，企画委員，㈱テレビ東京制作取締役を歴任．「ヤンヤン歌うスタジオ」「演歌の花道」ディレクターなどを経て，「浅草橋ヤング洋品店(ASAYAN)」「たけしの誰でもピカソ」他プロデューサーはじめプロデュース番組多数．映画，舞台，事業イベントのプロデューサー．現在，番組プロデュース，ステージ演出はじめ，企画ブレーン，研修講師なども務める．

テレ東流 ハンデを武器にする極意―〈番外地〉の逆襲

2017年3月17日　第1刷発行

著　者　伊藤成人(いとうせいじん)

発行者　岡本　厚

発行所　株式会社 岩波書店
〒101-8002 東京都千代田区一ツ橋2-5-5
電話案内 03-5210-4000
http://www.iwanami.co.jp/

印刷・三陽社　カバー・半七印刷　製本・松岳社

ISBN 978-4-00-024055-0　Printed in Japan